室內也能享受綠意的小盆栽！

室內園藝綠化樂

三悅文化

體型雖小，樂趣無窮。

「對園藝有興趣，但沒有庭院……」我常聽到身邊的人這麼說。要不然就是「種在陽台上，似乎缺少了那麼一點觀賞的樂趣；觀葉植物體型太大，管理起來不方便。雖然沒了栽培樂趣，但也只能以插花將就一下。」

為了解決種種問題，本書蒐集了一些適合室內栽培的迷你型植物。

植物無分大小，同樣需要日照、澆水等基本養護管理，但因為體型小，作業起來相對輕鬆許多。可隨心所欲選擇栽種容器與擺放場所，盡情享受室內裝飾的樂趣。除此之外，體型小的另外一個優點，就是花費也會比較少。

植株的生長期長，自然會讓人想要悉心照顧，進而能充分享受植株的生長、樹型的變化，以及移植換盆等栽培樂趣。

若您因為家中沒有庭院而放棄園藝的話，請務必嘗試一下這些迷你植物。只需要擺在室內的角落裡，就能讓整個空間充滿綠意，滋潤每天一成不變的忙碌生活。

體型雖小，生命壯大。

即將在本書登場的植物有包含樹木在內的迷你觀葉植物、各種獨特造型的可愛多肉植物、仙人掌和空氣鳳梨，日式禪意布置的苔蘚、水生植物，以及香草植物等等。

每一種植物只需要數個月最低限度的管理，以及平時的例行性養護，之後就能以年為單位，健康地活下去。

為了讓各位讀者盡情享受栽培樂趣，本書將傾囊相授，教大家如何讓植物活得又好又久。本書是入門書，雖然書中介紹各式各樣的小型植物，但我相信一定有些讀者會有「想多瞭解空氣鳳梨的大小事」、「想試著更深入栽種水生植物」的想法。

建議有這種想法的讀者務必再閱讀相關專門書籍、上網搜尋，或者詢問園藝店裡的專業人員，繼續充實相關知識，並進一步深入栽種。吸收新知，享受成果，不只侷限於植物，這些都是養育生物的樂趣之一。

希望這本書有助於讓大家享受室內栽種植物的樂趣，更希望大家日後能進一步挑戰庭院園藝。

只有掌心大的迷你植物也是一個完整、發光的生命，可以造就一個寬廣的庭院，也可以造就一片浩瀚的森林。

目 錄 *contents*

植物索引 *index*

part 1 | 迷你觀葉植物

栽種於室內，葉片具觀賞價值的植物，一般稱為「觀葉植物」。盆缽種植或水耕栽培等栽種方法很多，因多數觀葉植物原生於熱帶、亞熱帶地區，所以溫度管理特別重要。體型雖小，但生氣盎然的植物就近在身邊，身心皆能獲得療癒，整個人顯得朝氣蓬勃。請大家要投入更多的關愛，常保葉片的油亮光澤。

Mini plants
Mini plants
Mini plants
Mini plants

將2種蔓性植物放進高度不同的容器中，打造立體層次感。隨著逐日生長，不同顏色與不同形狀的葉片互相交纏，呈現出來的美感超乎大家的想像。植物（由前往後：常春藤、菱葉藤、虎尾蘭）

使用各種容器，輕鬆玩樂

水耕栽培之固形介質栽培法

　　不使用土壤栽種植物的「水耕栽培」中，最能輕鬆享受園藝樂趣的方法之一是「水耕栽培之固形介質栽培法」。這個方法起源自1980年代的德國，在日本曾經時而流行，時而衰退，但近年來再次捲土重來，蔚為風潮。

　　理由之一就是取代土壤支撐根部的培養土、肥料等栽培用介質越來越容易取得。這使原本就比盆植省事的水耕栽培之固形介質栽培法變得越來越簡單。

　　一週澆水1次是OK的，另外也因為發生病蟲害的機率小且容易保持乾淨，所以最適合栽培於室內。基於這些理由，對於每天工作忙碌，無法時常澆水的人、時常出差不在家的人，或是園藝新手來說，這是最適合不過的栽培方式。

　　盆植用觀葉植物也能以水耕栽培之固形介質栽培法栽種，近年來園藝店或大型量販店裡也開設專區販賣這一類的專用幼苗。

　　另一方面，以玻璃杯、馬克杯等餐具作為盆器，也是玩樂固形介質栽培法的魅力之一。透明容器中裝入彩色小石子，立即變身成最佳室內擺飾品。現在就讓我們一起來妝點，享受室內園藝的樂趣吧。

將蔓性觀葉植物裝在
稍具高度的容器中，
植物自然下垂，自由
延伸，呈現各種輕快
又朝氣蓬勃的表情。

只要有支撐植物根部的專用培養土與隨手可得的容器，就能輕鬆開始！

以發泡煉石取代土壤

水耕栽培之固形介質栽培法需要有能夠取代土壤支撐植物根部的介質，在數種介質中，一般最常使用的是一種名為「發泡煉石」的栽培介質。

所謂發泡煉石，是取天然黏土團經高溫燒煉製成的石礫，因多孔隙能保留植物根部所需的空氣。除此之外，具有高度保水性的特質也是發泡煉石的最大特色。即便容器中沒有水了，植物根部可暫時從發泡煉石中吸取水分，短時間內不會立刻枯死。

防根腐爛劑是必要用品

水耕栽培之固形介質栽培法所使用的專用培養土，除了發泡煉石外，還有其他各式各樣的種類，例如木炭披覆多孔陶瓷材料製造而成的培養土、天然岩石加工處理的栽培介質等。另外還有一種名為「彩砂」的介質，色彩鮮豔富多樣化，可與其他培養土搭配使用，豐富植栽的色彩。

購買時，請務必先確認這些培養土是否具有淨化水質的功能。若盆缽裡只擺放不具淨化水質功能的培養土，恐會使水質變差，根部腐爛，這時候必須再另外添加「離子交換樹脂營養劑」和「防根腐爛劑」。而就算培養土本身具有防腐功能，還是建議大家額外添加防腐用品比較保險。

利用各種容器享受栽培樂趣

水耕栽培之固形介質栽培法需要常在容器中加水，所以不需要使用底部有排水孔的容器。換句話說，任何容器都可以用來栽種植物。玻璃杯、馬克杯、空瓶都可以。

建議新手使用透明容器，因為瓶身透明，容易進行給水管理。水量管理不需要過於斤斤計較，而且只要熟能生巧，給水工作並非困難之事，新手若要使用非透明的容器作為盆缽，建議使用水位測量器加以輔助。水位測量器不貴，園藝店等都買得到。

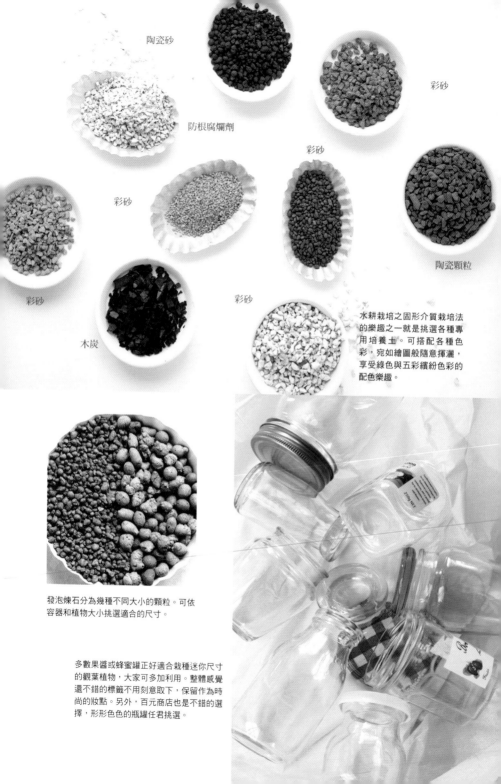

陶瓷砂

防根腐爛劑

彩砂

彩砂

彩砂

陶瓷顆粒

彩砂

木炭

彩砂

水耕栽培之固形介質栽培法的樂趣之一就是挑選各種專用培養土。可搭配各種色彩，宛如繪圖般隨意揮灑，享受綠色與五彩繽紛色彩的配色樂趣。

發泡煉石分為幾種不同大小的顆粒。可依容器和植物大小挑選適合的尺寸。

多數果醬或蜂蜜罐正好適合栽種迷你尺寸的觀葉植物，大家可多加利用。整體感覺還不錯的標籤不用刻意取下，保留作為時尚的妝點。另外，百元商店也是不錯的選擇，形形色色的瓶罐任君挑選。

基本種植方式

　　接下來將為大家介紹水耕栽培之固形介質栽培法的栽種方式。這種栽培法的關鍵在於保持水的乾淨，首要之務是必須將栽種植物的根部清理乾淨。

水耕栽培之固形介質栽培法的專用迷你觀葉植物，通常根部會定植於海綿上然後栽種於發泡煉石中。

將植物從膠盆中取出，以清水洗淨部，將附著於根部和海綿上的培養土渣、髒汙都清理乾淨。

將附著於
根部上的殘土
清乾淨

植株方面若使用一般栽種於盆栽中的觀葉植物，必須先將植株根部浸在裝了水的臉盆中，小心地將附著於根部的殘土清理乾淨，然後再移植至新的容器中。之所以要洗乾淨，是為了避免土壤或土壤中的細菌汙染乾淨水源。

[材料]
植物（萬年竹）、玻璃
瓶、水耕培養土、防根
腐爛劑
※工具：依照容器大小
選用適中的鏟子和鑷
子。

將防根腐爛劑倒入容器底部，分量大約培養土的10%。

將清水稍微洗滌，除掉髒汙的專用培養土倒入容器中，大約至容器的1/3高。

放入植株，調整好位置後，再繼續填入培養土，調整培養土分量直到蓋住植株根部位為止。

在容器裡注水，直到水淹過所有培養土。

使用果醬空瓶栽種植株。為了凸顯漂亮完整的標籤,將植株栽種於白色彩砂中。
植物(左起為玲瓏椒草、虎尾蘭)

使用義式濃縮咖啡杯
栽種迷你觀葉植物，
再適合不過。排列在
餐桌上，一片綠意令
人賞心悅目。
植物（自左下起，鳳
尾蕨、蘭花楹、千年
木、鐵線蕨）

組合式的栽種方式

　　利用水耕栽培之固形介質栽培法也可以將數種植株合種在一起。基本原則為挑選同性質的植物，請大家依個人喜好搭配數種不同葉色和形狀的植物，隨性創造獨樹一格的組合盆栽。

[材料]

植物（香龍血樹、朱蕉、菱葉藤、薜荔）、玻璃容器、2種水耕專用培養土、防根腐爛劑。

※工具：適合小容器使用的鏟子和鑷子等。

※培養土以發泡煉石與白色彩砂為主。合植栽種會積聚較多水分，就算培養土本身已具有淨化水質的功能，建議還是額外添加防根腐爛劑。

將要合種在一起的植株從膠盆中取出，用清水洗淨根部。

容器底部鋪上防根腐爛劑。分量大約是所需培養土的10%。

用清水稍微洗滌發泡煉石上的粉末和髒汙，然後適量鋪於防根腐爛劑上面。

隨喜好將植株栽種於發泡煉石中。植株若站不穩，周圍鋪上彩砂幫忙固定。

確定好栽種位置後，將彩砂填入植株之間。

再將貝殼、珊瑚等自己喜歡的小飾品裝飾於植株之間，加水後就大功告成。

僅用水栽培,所以水的管理工作最重要。
一起善加利用各種專用資材。

放置場所

最好置於明亮但沒有陽光直射的場所。例如有蕾絲窗簾遮蓋的窗台邊。特別是初春至初秋這段期間,務必格外注意強烈的直射陽光。陽光太強恐會曬傷葉片,根部也可能因水溫升高而熟爛。

植物有向光性,會朝向太陽生長,因此普遍會往窗戶方向彎曲。所以偶爾要轉動一下容器,將莖慢慢調直。

通風良好也是非常重要的條件之一。但是,水耕植物無法承受劇烈的溫度差異,千萬不要置於冷暖氣出風口處。

過冬

水耕栽培之固形介質栽培的植物多為熱帶至亞熱帶地區的原生植物,因此較不耐寒冷,要多加注意擺放位置的溫度,夜晚溫度最好不要低於10度。白天的窗台邊雖然溫暖,但入夜後會變冷。

澆水

因為是水耕栽培,多數人常誤以為容器中必須隨時保持滿水狀態,但植物根部若時時浸泡在水裡,反而容易因氧氣不足而腐爛。

澆水原則為容器中已經完全沒有水之後再加水。容器中還有水的狀況下,絕對不要再加水。

尤其是冬季,給最小限度的水就OK了。容器中完全沒有水之後的1~2天再給水。多久給水會依容器的大小而不同,但至少一週1次。

另外,一整年都需要對葉片噴水。多久一次視葉片乾燥程度而異,但同樣1週1次左右,使用噴霧方式幫整個葉片澆水。若發泡煉石的表面發霉了,可將木醋液稀釋後,以噴霧方式噴灑在培養土表面。

肥料

離子交換樹脂營養劑不僅能淨化水質,還能提供植物營養,所以基本上不需要再額外施肥。

春季至夏季的生長期,給予「HYPONeX」液肥有助於生長,但如果是小容器的水耕植物,無須特別施肥也沒關係。

防根腐爛劑

本書要向大家推薦一款名為「Million A」的珪酸鹽白土。這可說是水耕栽培之固形介質栽培法的必需品，有了這樣東西，在水質管理上猶如如虎添翼。

使用分量請依照「Million A」外包裝上的說明。

養護管理

偶爾要檢查一下植株的根部狀態。就算部分根部發黑，只要葉片未枯萎就沒關係，但為了使植株長得健康茁壯，請取出培養土和植株，以清水洗淨後再重新栽種。

若有枯葉，必須勤加清除。若放置不管，一旦枯葉掉落培養土上，可能會導致水質變差。

葉片若生長得太過茂密，建議定期進行剪定。水耕植物的根部不如一般栽種於土壤中的植物來得強而有力，容易倒，也容易營養不足。從莖部位直接剪斷也沒關係，但原則上，剪定方式依植物的性質而異，建議先詢問瞭解後再進行適當的剪定。

在接近大自然環境中培育
迷你觀葉植物
的一般盆植

　　一提到觀葉植物，大家通常會聯想到置於房間角落的大型盆栽，但近年來迷你觀葉植物越來越受歡迎，市售的種類多到令人難以抉擇。

　　那麼，應該如何挑選呢？挑選重點是擺放位置。雖同樣名為觀葉植物，但有些需要足夠的日照，有些則不需要。另外，冷熱忍受度也各有不同。想以最省時省力的方式照顧好植栽，不能只依個人喜好從外觀上挑選，而是必須挑選特性能適合居家環境的植物。

　　市面上販售的迷你觀葉植物盆栽，因土壤使用量普遍較少，不建議長時間原盆栽種。欣賞一陣子後，盡量移植到另外一個大一號的盆缽中。除此之外，購買的是栽種於塑膠軟盆中的植株，或者是根部已經多到佔滿盆缽，都建議立即進行移植換盆作業。移植換盆時使用的土壤，可配合植物特性自行調配，但建議新手購買市售的觀葉植物專用培養土，既方便且較無枯萎之虞。

　　多數觀葉植物會於天候轉暖的5～7月進入生長期，若挑在這個時期購買，管理上會比較輕鬆，也比較不會有買回來之後沒多久就枯萎的情況。

將市售的迷你觀葉植物盆栽移植到陶缽中。陶缽
底下的水盤是一般餐具。具清爽俐落感的陶缽，
非常適合用來栽種室內植物。植物（由左至右：
酒瓶蘭、密葉竹蕉、人參榕）

將植物喜好的環境列入考慮，享受挑選盆缽的樂趣

盆缽的材質形形色色

基本上，什麼材質的栽植盆都可以，但如果能夠瞭解「素燒盆透氣性好，但土壤容易乾燥」、「塑膠製盆器或上釉陶盆雖然保水性佳，但容易蒸發」等各種盆缽的特性，就能為具不同特性的植物挑選適合的栽植盆。

金屬製的盆缽夏熱冬冷，土壤的溫度變化會隨之過於劇烈起伏，比起室外，更適合放在氣溫較穩定的室內，然而溫度管理依然馬虎不得。

挑選底部有排水孔的盆缽

挑選盆缽時，無論什麼材質都可以，唯一不可或缺的共通點就是盆缽底部必須有排水孔。對植物來說，土壤是貯存水分和養分的倉庫，土壤必須時常保持溼潤，但過多水分積留於盆底的話，可能會造成水質變差，根部腐爛。

乍看之下，大家可能覺得有矛盾之處，但一般來說，栽種植物的介質，我們通常會推薦大家選購「保水力強，排水性佳的培養土」。若要以空罐當盆缽使用，請記得先在底部挖好排水洞孔。

盆缽底下擺放水盆

將植物栽種於盆缽中時，由於水會從盆底排水孔流出來，因此盆底務必擺放一個水盤。水盤同樣有素燒、塑膠製、陶器、馬口鐵等各種材質，容易吸水的素燒水盤不適合擺放在室內。水盤底部可能會因為溼氣而發霉，這點必須稍加留意。建議大家可以挑選陶器、瓷器或玻璃類的餐具當作水盤使用。

另外，向大家推薦馬克杯，既可當水盤使用，亦可作為裝飾用套盆。盆缽太小的話，迷你觀葉植物站不穩，若能將植栽放進較穩固的套盆裡面，將有助於盆栽的管理。但馬克杯等不透明容器不同於一般水盤，看不到裡面的積水情況，所以必須隨時留意勿讓杯底積水過多。

葉片向四周展開的迷你觀葉植物,最好放進有重量且穩定的栽植盆或套盆裡面。

小型栽植盆也有各式各樣的種類,試著使用各種不同材質的栽植盆,慢慢地就可以瞭解哪一種栽植盆比較適合自家環境和自己的養護照顧方式。

水盤裡的積水若一直不處理的話,水質變差會連帶對植株產生不良影響,要勤加清掉水盤裡的積水,常保水盤的清潔。若使用餐盤等當水盤,因方便清洗,可以時常保持水盤的清潔。

基本種植方式

接下來，將為大家介紹迷你觀葉植物的基本種植方式。
這裡要大家特別注意一點，為避免澆水時，
水滿溢出來或噴出來而弄髒室內環境，
最好事先規劃一個澆水空間。
盆土距離盆缽邊緣最好大於1cm以上。

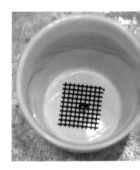

裁剪一塊可遮蓋住盆底排水孔的缽網
鋪在上面。

放入缽底石，直到完全覆蓋缽底排水孔
為止。

[　　　　　　]
人參榕）、觀葉植物專用
、缽底石、覆蓋用砂子與
、缽底網
：適合小容器使用的鏟子
等。

倒入少許培養土，約到盆缽的1/3高度。

將種苗自軟盆中取出，並放入盆缽
調整下方盆土讓植株根盤部位至少
缽緣1cm以上。

繼續添加培養土到隙縫中，直到盆土埋
住根盤部位。

筷戳一下盆土，若還有隙縫，繼續
培養土。小心不要戳到植株根部。

最後，如同覆蓋盆土表面般鋪上砂子和
小石子。

將不同高度、不同葉片顏
色、不同葉片形狀的植株
巧妙佈局，就會呈現嶄新
的變化。一盆綠意盎然的
美麗組合盆栽。

組合盆栽的種植方式

數盆植株擺放在一起，看起來就像一盆組合盆栽。只需將數盆植株放在一起，組合盆栽的製作方法更簡單更方便，還可以隨時更換不同的植株。因植株各自栽種於不同盆器中，所以就算澆水方式不盡相同也可以組合在一起。

[材料]
植物（由內順時針方向：龜背芋、白網紋草、海州骨碎補）、竹簍套盆、樹皮屑（覆蓋用資材）、氣泡墊

澆水時要一盆一盆取出處理。若套盆使用的是會吸收水分、溼氣的容器，請在套盆內側底部擺放一個水盤或塑膠布。

竹簍套盆內底先鋪上一層氣泡墊，然後配置各個盆栽的擺放位置。

將樹皮屑塞在各個小盆栽之間，用以固定。

另外再擺一些樹皮屑在各個盆栽的盆土表面，讓整體看起來像一盆組合盆栽。

觀葉植物的組合盆栽。種植方式
與基本栽種方式相同。當植株
壯到擴展至盆外時，可另外合
於較大的盆缽中，或者一小盆·
小盆另外移植換盆。
植物（自左下起：冷水花、古錢
冷水花、千年木、白脈椒草）

綠珠草（嬰兒淚），只要日照和澆水控制得宜，就會葉如其名，
呈惹人憐愛的淚珠狀。綠珠草的綠色葉片深淺不一，
擺放在一起，就可以天天享受色彩的多重奏。植物（綠珠草）

強健又省事的觀葉植物。
配合季節與品種進行管理，長得更加茁壯！

放置場所

基本上，管理方式與水耕植物雷同。最理想的擺放位置是通風好、避免直射但又日照充足的窗台邊。若不得已只能擺放在陽光照不到的地方，記得偶爾移至日照好的地方曬曬太陽。

另外，管理重點會依季節而有所不同。

多數觀葉植物於冬季會進入休眠期，植株在這段時間會較其他季節來得虛弱些，所以進入春季後，突如其來的強烈陽光恐會對植株產生不良影響。建議以蕾絲窗簾稍微調整一下日照。4月～5月期間，盡量拉長日照時間，但有些品種不喜日照，這一點務必格外留意。

夏季，尤其要注意直射的日照。曝曬於強烈陽光下，葉片會因為曬傷而變色。另外，也不要置於室內冷氣出風口處。

秋季，必須貯存體力準備過冬。10月之前，盡量多接受陽光照射。

冬季，比起日照，更重要的是溫暖的場所。但整天置於暖氣開放的地方，植株可能會過於乾燥，若有心好好栽培，最好準備一台加溼器。

澆水

無硬性規定1天澆水1次，最理想的方式是配合盆土的乾燥情況加以調整澆水水量。

耐乾旱品種於盆土表面乾燥後的隔天澆水；不耐乾旱品種則於盆土表面開始變乾時澆水。

一次給足水是澆水的基本原則。補水直到盆底流出乾淨的水。補水的同時也補充氧氣，可以防止根部腐爛。

尤其是長出新芽的4～5月，以及水分容易蒸發的盛夏期間，請增加給水量。

不過，有一點務必特別注意，那就是水盤裡的積水一定要清掉。

除此之外，葉片噴水也很重要。多數觀葉植物原生於熱帶或亞熱帶等溼氣較高的地區，因此常以噴霧方式幫葉片澆水是非常重要的養護管理。

肥料

除了休眠期的10月～隔年3月以外，其他時間要適度施肥。施肥量過大，植

物恐會生長過度，就無法繼續維持迷你觀葉植物的型態。

　　肥料可分為置於盆土上的緩效性固體顆粒肥料，以及速效性的液體肥料，為了管理上的方便，基本上使用緩效性肥料，至於生長期的春季與因大量給水而容易沖掉肥料的夏季，則額外添加液體肥料。使用觀葉植物專用肥料，既省事又安心。

養護管理

　　之所以取名為觀葉植物，主要是因為植物的葉形美麗、葉色鮮豔。所以當葉片表面髒汙時，請用溼布輕輕擦拭。這不僅能使外觀更美麗，還有助於防止灰塵、髒汙阻塞葉片表面的氣孔，從而預防二點葉蟎或白粉病等病蟲害，常保植株的健康茁壯。

　　另一方面，植株有時會有過度伸長的「徒長」現象，主要是因為日照不足所致。這時候請將盆栽移至明亮通風的場所。

　　根部從盆缽底部排水孔鑽出，或是盆土於澆水後立刻變乾，這都是因為根系長得過於茂密，糾結在一起所導致。若有這樣的情況，建議將植株移植到大一號的盆缽中。

在透明容器中打造一個小型自然生態

玻璃瓶微景觀植栽（Terrarium）

「玻璃瓶微景觀植栽（Terrarium）」有各種定義，在透明容器中栽種植物，只要植株沒有超過容器高度，就可以稱為玻璃瓶微景觀植栽。但嚴格來說，在透明且密封的容器中栽種植物才是真正的玻璃瓶微景觀植栽。

將栽種植物的密封容器置於室內明亮場所，植物行光合作用，形成於容器中的水蒸氣進入土壤中，植株根部從土壤中吸收水氣，然後再產生水。自然界的生態循環系統在容器中不斷上演，這就是玻璃瓶微景觀植栽（Terrarium）。「Terra」是地球的意思，所以「Terrarium」意指在容器中打造一個小型地球。

生長緩慢、性喜溼氣、光照需求量小的植物都適合玻璃瓶微景觀植栽的方式。只要能滿足這些條件，迷你觀葉植物、多肉植物、空氣鳳梨等植物都可以。可以盡情享受自行組合的樂趣。

另外，除了植物，還可以擺入各種小型公仔，打造一個立體模型空間，而這也是玻璃瓶微景觀植栽的樂趣之一。動物藏身叢林中、徜徉於寬廣草原上，大家試著布置一個自己最喜歡的場景吧。

只要容器中的循環系統步上軌道，完全不需要花太多心思照顧。誠心建議大家體驗一下。

在盛裝茶葉的玻璃瓶中，從底部依
序填入觀賞用小石子、木炭、觀葉
植物專用培養土，然後將植株栽種
於其中。透過光的反射，玻璃瓶中
的綠意呈現各種不同的面貌。植物
（由前往後：鳳尾蕨、日本梣）

玻璃瓶微景觀植栽之必要資材

最重要的是循環於容器中的水，如何保持水質乾淨是關鍵所在

建議使用赤玉土

對玻璃瓶微景觀植栽來說，順暢的水循環非常重要，基本上這一點和盆栽是相同的。植物需要能夠紮根的土壤，而這裡適合植物的專用培養土是小顆粒的赤玉土。水質不易髒，從容器外側看來又有很棒的景觀。但記得要先在容器底部鋪上小石子。

赤玉土上方再鋪能保持水分的苔蘚植物，但大家可以依照自己想要呈現的瓶中景觀世界，使用其他如砂子、石子或彩色玻璃珠。

以木炭淨化水質

不同於一般盆栽，玻璃瓶微景觀植栽最不可或缺的是木炭。木炭的功用如同過濾器，當循環於容器中的水通過木炭層時，木炭有助於淨化水質。在日本百圓商店或園藝店都買得到。以大木炭打碎後使用會比較好。

使用各種容器，享受栽種之樂

容器方面，只要是透明有蓋子，什麼形狀都可以。玻璃製或樹脂製都行。

[材料]
植物（合果芋、鳳尾蕨）、玻璃瓶、赤玉土（小顆粒）、小石子、防根腐爛劑、木炭、花材用乾燥青苔。
※工具：適合容器大小的鏟子、鑷子、竹筷等，易於作業又方便。

栽種之前要先將植株的根部清洗乾淨（請參考P15）。
種植方式請看P38。

玻璃瓶微景觀植栽的種植方式

種植的重點之一是不要弄髒玻璃瓶。作業時要緩慢且謹慎。若不小心弄髒瓶身，
請用沾水毛刷、棉花棒，或者用鑷子夾著面紙輕輕擦拭乾淨。

在容器底部鋪上觀賞用小石子。因石子
容易刮傷容器內部，要盡量輕輕地讓石
子落在容器底部。

使用什麼工具都可以，將底部的石粒鋪
平。微景觀植栽的外觀非常重要。

擺入木炭。分量依容器深度而異，大約
5mm至1cm左右。

木炭也要鋪平，但不要過於用力，太用
力的話，木炭會陷入石粒中。

擺入適量的防根腐爛劑。

倒入赤玉土，約數公分高。之後還要栽種
植物，不可一次將所有赤玉土全倒進去

使用竹筷等工具將植物擺進容器中。

決定好位置後，將植株根部輕輕壓入赤玉土中。注意不要太過用力，否則鋪好的土壤層可能會下陷。

為避免植株倒塌，繼續倒入赤玉土。可如同照片所示，用紙張製作一個簡易漏斗，即可輕鬆地將土壤倒入目標位置。

使用竹筷或棒狀物輕戳土壤，確實填滿土壤間的空隙。

要鋪苔蘚植物，可使用竹筷將事先噴的苔蘚逐一鋪在土壤表面。

最後一個步驟是加水，水量要蓋過培養土。

公仔樂趣多

玻璃瓶微景觀植栽的另外一個樂趣，
就是使用立體模型中常使用的公仔或樹脂製小飾品
來創造一個專屬的小型世界。近年來，玻璃瓶微景觀
植栽慢慢發展成室內擺設的一環，現在就請您
發揮想像力，創造一個獨特又繽紛的迷你世界。

植物（自左前方起：古錢冷水花、萬年竹、
馬拉巴栗）

挑戰苔蘚植物微景觀植栽

瓶中只有苔蘚類植物，
也是玻璃瓶微景觀植栽的一種形式。
市面上有一些苔蘚植物微景觀植栽的現成品，
建議大家可以先從現成品開始嘗試。

置於室內明亮但不會曝曬於直射陽光下的地方，並且將瓶蓋鎖緊。依容器的形狀與苔蘚植物品種的不同，大約1～3週以噴霧方式給水。
植物（自左前方起：日本曲尾蘚、節莖曲柄蘚、大鳳尾蘚）

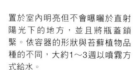

小瓶容器的優點在於方便易拿，可以從底部察看，從各個角度觀賞。用苔蘚打造深邃森林的景色。

空氣鳳梨微景觀植栽

日本百圓商店裡購買的附瓶蓋玻璃瓶，在瓶中鋪上樹皮屑（覆蓋用資材）、冰島苔，以及貝殼，然後再將空氣鳳梨栽種進去。
植物（右＝小精靈、左後＝貝可利）

多肉植物微景觀植栽

日本百圓商店裡購買的附瓶蓋玻璃瓶，從底部依序鋪上黑色小石子、木炭、防根腐爛劑、赤玉土（小顆粒），然後將多肉植物栽種於赤玉土中，並在植株四周鋪上小石子。瓶身內側若積聚太多水滴，瓶內溼度可能會過高，暫時打開瓶蓋，讓溼氣散發出來。
植物（右＝月兔耳、左＝星之林）

基本上只要調整日照和水分即可。容器中的衛生情況也要稍加留意。

放置場所

就算容器裡擺放的植株性喜日照，也請勿置於強烈陽光直接照射的場所，因為容器內的溫度會隨之上升。請擺放在透過玻璃瓶和窗簾可接受間接日照的明亮場所，或者是可接受間接光源的半遮陰場所。另外，因植物有向光源方向生長的特性，為避免容器中的植株葉片只向單側生長，別忘了偶爾要改變容器擺放方向。

澆水

玻璃瓶微景觀植栽的植物是透過蒸發的水分回到土壤裡，植物再從土壤裡吸收水分的循環方式永續生長，所以基本上無須澆水。水過多反而容易使植物腐爛或發霉，務必待土壤變乾後再給水。

鋪有苔蘚植物的微景觀植栽，則以數週1次的頻率給水，使用噴霧方式噴溼苔蘚表面。務必多留意，容器底部千萬不能積水。

肥料

基本上不需要施肥。若植物明顯看來沒有精神或苔蘚顏色黯淡，將液體肥料稀釋2000～3000倍，然後以噴霧方式施肥。

養護管理

植物向上生長頂到瓶蓋時，必須稍微剪短一些。另外，苔蘚若有變褐色的情況，記得隨時剪掉變色部位。瓶中若有擺放公仔，也請記得隨時檢查是否發霉。

瓶中若有太多水珠沾附在瓶身上，以致看不清楚內部時，用竹筷或鑷子夾一張面紙將瓶身擦拭乾淨。瓶內水珠太多，可能是瓶中的水太多所致。暫時將瓶蓋打開，調整一下內部溼度。

觀葉植物的種類

園藝店裡有許多體型迷你又優而不貴的觀葉植物。

請大家依照個人喜好挑選，並嘗試著栽種培育。

漣漪狀山蘇花

性喜高溫高溼的半日照場所，但不耐直射陽光。具耐寒性，可置於室內過冬。缺水的話，葉片會變色，除了一般澆水外，也要記得幫葉片噴水。春季至夏季期間要施液肥。

袖珍椰子

直射陽光會使葉片變色，但日照不足恐又會使葉片因虛弱而失去光澤。一般澆水和葉片澆水都要給予足夠的水分。只要氣溫沒有降至零下，就能安然過冬。

龜背芋

基本上置於明亮場所，但因為是原生於熱帶雨林的植物，若陽光直射的話，葉片恐會燒焦。盆土乾了之後，要給予足夠的水分。雖然十分耐寒，但氣溫高一些也沒關係。

人參榕

性喜高溫。枯萎的原因幾乎都是土壤給水過多，導致葉片給水不足所致。冬季要控制給水量。肥料部分，少量放置性固體肥料就已足夠。施肥過量的話，植株會越長越大。

馬拉巴栗

給水原則為春季～夏季每3天1次；冬季1週1次。給水時一次給足。基本上馬拉巴栗是種適應力很強的植物，但盛夏期間忌陽光直射的場所。記得偶爾要改變一下盆栽的擺放方向。

酒瓶蘭

下部肥大，狀似酒瓶。生命力強，耐乾旱也耐寒冷，適合新手栽種。性喜陽光，置於日照不足處，葉片反而會失去光澤。春季～秋季可置於室外管理。

冷水花

別名冷水草、白雪草。耐陰且耐寒冷，但偶爾還是要擺放在日照充足的場所。注意補充足夠的水分。

海州骨碎補

性喜通風良好的場所。植株強健，最喜歡日照。日照充足的話，植株會長得十分茂密結實，但夏季為避免葉片曬傷，最好置於半遮陰處。

古錢冷水花

別名毛蝦蟆草。草莖呈匍匐性，會開出數mm的小花朵。性喜高溼且明亮的場所，忌強烈陽光直射。可以人工照明方式培育，適合栽種於室內。

鐵線蕨

不耐乾旱，必須隨時補充水分。春季～秋季置於明亮但沒有強烈陽光直射的場所，冬季可置於窗台邊。不要放在冷氣出風口處。

萬年竹

明亮至半遮陰場所都行。忌直射陽光，不耐寒冷。開運竹是將萬年竹的葉片去除，取中間大小較為均勻的莖桿所製成。

變葉木

為了保持鮮豔有光澤的葉片，一整年都要給予充足的日照。幫葉片澆水，隨時擦拭葉片都是偷懶不得的重要工作。

日本桫

曝曬於強烈陽光下，葉片會變色，盡量置於避開直射陽光，但明亮的場所。若葉片顏色變得黯淡無光，記得移至陽光下稍微曬個日光浴。夏季早晚各澆水1次，冬季則待盆土乾了數天後再澆水。

武竹

忌溼氣，耐乾旱，待盆土乾了之後再充分給水。梅雨季節需移至通風良好處。與食用蘆筍同屬。

密枝鵝掌藤

小型鵝掌藤。最好置於日光充足的地方，但陰蔽處也都能適應。只要慢慢習慣，直射陽光也不會有問題。具耐寒性。生長期間施肥1～2次。

合果芋

曝曬於直射陽光下，葉片容易曬傷。耐陰性強，可置於明亮的陰蔽處管理。春季～秋季期間，盆土乾了要充分給水。若早晨氣溫低於20℃，請減少給水。

鳳尾蕨

鳳尾蕨屬於蕨類植物，據說目前全世界約有250種蕨類植物。一整年的栽培宜置於明亮的陰涼處。盡量避免直射陽光。春季～夏季要隨時給足水分，避免盆土乾枯；冬季則待盆土乾了之後再澆水。

白脈椒草

玲瓏椒草

椒草類植物的葉片顏色依品種不同而富含變化，但栽培方式基本上都一樣。忌直射陽光，陽光過強恐致植株枯死。但長期置於陰蔽處，可能造成莖桿徒長。盡量挑選適中的栽培處。椒草植物性喜乾燥，待盆土完全乾了之後再充分給水。尤其是冬季，雖然盆土表面乾了，但裡面依然潮溼，請務必確認盆土內外都乾了後再澆水。只要多加留意日照和澆水這兩點，椒草類植物其實非常容易栽培。

紅爪皮椒草

密葉竹蕉

竹蕉類的矮品種。圖片中是有條紋圖案的品種。忌直射陽光,栽培處宜明亮的陰蔽處。盆土乾了之後再充分給水。具耐寒性,但氣溫低於20℃的話,請減少給水。

藍花楹

世界三大開花樹木之一,植株可長到15m高。只要長得夠大,就會開花,但栽培於室內的話,並不會開花。給予足夠的日照,並於盆土表面乾了之後再澆水。不耐寒冷與高溼。

薜荔

性喜日照,栽培處盡量是曬得到自然陽光的地方。春季~秋季期間待盆土乾了之後再充分給水,但通常土壤一乾燥,葉片就變得皺巴巴,所以薜荔其實是不太容易照顧的植物。冬季以噴霧方式補充水分。

嫣紅蔓

性喜水,盆土乾了之後再充分給水。但澆水過多恐致根部腐爛。忌直射陽光,但長期置於陰蔽處會造成莖桿徒長,葉色變淡。可置於室內過冬。生長期間施用肥料。

虎尾蘭

虎尾蘭的性質接近仙人掌，葉片有各式各樣的
形狀。春季～秋季期間，盆土乾了就澆水。水
分不足時，葉片會變得皺巴巴，只要立刻澆
水，葉片就會恢復朝氣蓬勃。10月起要控制
給水量，11月至隔年3月期間則完全不澆水。
假設栽培置於開放暖氣的室內，因溼度較低，
建議視盆土乾枯情況，大約1個月澆水一次。
平時可置於日照充足的場所，但夏季忌直射陽
光。

千年木

性喜日照，但具有耐陰性，置於室內明亮處亦
能生長。忌夏季直射陽光。若置於冷氣出風口
處，恐會因為持續乾燥而造成葉片掉落。冬
季請置於日照充足且氣溫高於10℃的場所管
理。水分過多會致使根部腐爛，必須嚴加控
管。另外，同樣不要置於暖氣出風口處。以噴
霧方式幫葉片澆水，防止葉片乾燥。

朱蕉

朱蕉俗稱紅竹。性喜日照,可置於室外照顧,但記得避開盛夏的直射陽光。水分不足會使葉片逐漸暗淡。春季～秋季期間要充分給水,冬季則減量。植株具耐寒性。

常春藤

忌強烈直射陽光,栽培處宜陰蔽,但稍微曬點太陽,有助於植株的茁壯生長。耐乾旱,盆土乾了之後再澆水。是耐寒性強的蔓性植物。

小果咖啡

春季～秋季期間,盆土乾了之後充分給水;冬季則於盆土枯數日後再澆水。植株就算缺水枯萎,也會在澆水後重新復活。忌盛夏的直射陽光,而且冬季不耐寒冷,栽培宜置於室內明亮處。

甜蜜蔓地錦

耐陰暗,但最好置於日照良好的場所,並且避開盛夏的直射陽光。盆土乾了之後再澆水。冬季期間雖然盆土溼潤,但葉片容易缺水,記得定期幫葉片噴水。是一款適合新手栽種的植物。

卷柏

性喜日照，但強烈的直射陽光易使葉片變暗淡。適合生長於高溼的場所，具耐寒性。

山菜豆

要長得茁壯，充分日照是必要條件，但陽光過於強烈的話，葉片會變黑。春季～秋季期間，盆土乾了之後再澆水；冬季則大約1週澆水1次。具耐寒性，是一款適合新手栽種的植物。

網紋草

照片中的品種，左為白網紋草，右為小葉白網紋。忌直射陽光，不耐寒冷，水分過少或過多都不行，因栽培上有一定難度，比較適合資深老手。植株不容易平安過冬，必須讓栽培環境隨時保持在15℃以上，要有秋季會枯萎的心理準備。仔細鑽研栽培方法，打造一個適合的環境，試著讓植株順利度過寒冬。

斑紋品種　　　　黃綠色品種

綠珠草

別名嬰兒淚，一缺水就會枯萎，必須隨時保持溼潤狀態。但要注意春季～秋季期間不能在葉片上澆太多水；反之，冬季必須幫葉片澆水。日照充足是必備條件。

深綠色品種

掌葉槭出猩猩

性喜水，盆土乾之前就必須澆水。尤其是夏季，葉片乾燥就會萎縮，必須適時幫葉片噴水。忌夏季直射陽光，栽培處宜半遮陰。具耐寒性，可順利過冬。施肥時可多給一些。

夏藤

夏藤不開花，不僅是盆景常用植物，亦是日本自古就有的樹木。宜置於通風良好，且沒有強烈直射陽光的場所。原則上，盡量每隔2～3天就移往屋外曬曬太陽。

山黃梔

不耐乾旱、寒冷，以及直射陽光。於花季結束的6月進行修剪，但要留下新枝。盆土乾了之後再充分給水，冬季必須控管給水量。8月份以固體肥料施肥。

榔榆（斑紋品種）

不可長期置於室內，春季～秋季期間至多2、3天，冬季至多1個星期。栽培處必須是日照充足且通風良好的場所。性喜水，春季～秋季期間1天澆水1次，冬季則2～3天澆水1次。

小型植物需要小型工具

栽種小型植物有不少優點，像是所需資材少，培養土使用量較一般盆栽來得少，另外還有方便四處搬動、容易照顧等等，但有利就有弊，正因為體型小，移植換盆等作業相對精細瑣碎些。一手扶著植株，一手填土，這會比想像中來得困難許多。

這時候就是小型工具登場亮相的時機了。園藝店裡有各式各樣的園藝工具，請大家用心尋找，先挑選一些適合的工具吧。

除了園藝工具外，希望大家能先備妥一套鑷子。尤其是處理帶刺的仙人掌或製作玻璃瓶微景觀園藝，要將植株栽種於瓶底時，更是少不了得力助手鑷子。另外，湯匙、叉子等餐具也都是最佳輔助工具。

這些輔助小工具，不僅便於處理植株，有時立在空瓶中，變相成為另外一種美麗擺飾。在動手栽種植物前，就請大家有空時花點心思尋找可愛又實用的小工具吧。

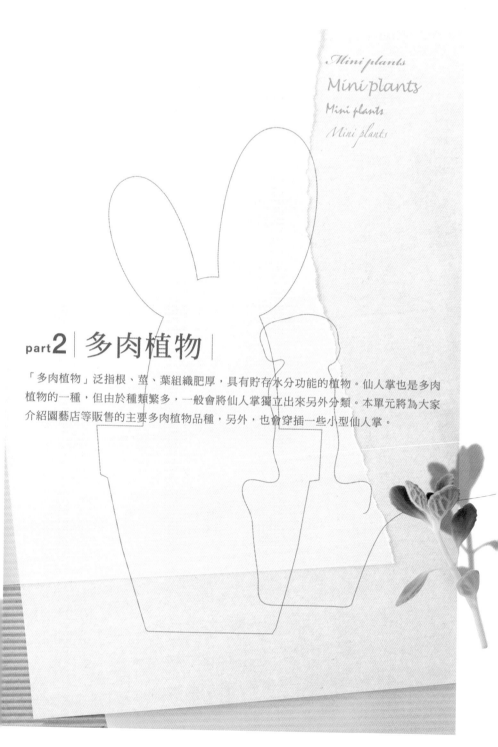

part 2 ｜多肉植物｜

「多肉植物」泛指根、莖、葉組織肥厚，具有貯存水分功能的植物。仙人掌也是多肉植物的一種，但由於種類繁多，一般會將仙人掌獨立出來另外分類。本單元將為大家介紹園藝店等販售的主要多肉植物品種，另外，也會穿插一些小型仙人掌。

給予充足日照，隨時注意土壤情況，多肉植物就會長得好活得久

足夠的日照時間

仙人掌科、景天科、蘆薈科、番杏科中的植物幾乎都是多肉植物，其中也有一小部分是肉質化品種，但嚴格說來，這兩類植物的栽培方法並不相同。

若從進化過程來看，為了適應乾燥環境，這些植物不得不朝肉質化進展，所以基本上還是有不少共通點。

像是需要足夠的日照時間。有些品種忌強烈的直射陽光，但這些品種還是需要充足的日照。有些植物可置於室內栽種，但白天最好擺在窗台邊，讓植物享受日光浴。

栽培方式很簡單

嚴格說來，品種不同，所需的培養土也不同，但同樣不需要什麼特別的介質。除了需要缽底石以利通氣和排水外，任何培養土都可以。近年來由於多肉植物越來越受歡迎，市面上的多肉植物&仙人掌專用培養土已是唾手可得。只要購買這些專用土壤，通常不會有失敗的情況發生。

移植換盆

小型多肉植物因具有獨特姿態、強烈個性，以及十足的裝飾性，現在不僅園藝專賣店，甚至一些雜貨專賣店、生活館、日式百圓商店裡也都看得到多肉植物的身影。雖然像是掌中把玩的小玩意，看似耐操，生命力強，但完全放任不管的話，假以時日依然會凋零枯死。畢竟多肉植物也是一個生命，我們要盡可能讓他活得健康又長壽。

若買回來的迷你多肉植物是只有數公分高的盆栽，那麼，一段時間後就必須移植到大一號的盆缽中。另外，迷你仙人掌的盆土若硬得跟石頭一樣，建議將盆土鬆開後重新栽種。唯有移植換盆才能使植株茁壯。

多肉植物的魅力之一就是擺在身邊會讓人愛不釋手。現在就讓我們一起來享受多肉植物那充滿豐富個性的多樣化姿態。

仙人掌與多肉植物多樣化
的個性與豐富的表情，令
人停不下想收藏的欲望。
植物／（前方）白雲閣、
（中）七寶樹、（後方）
古紫、銀元。

市售的迷你多肉植物組合盆栽。各種形狀，各種顏色的品種齊聚一堂，宛如一把可愛的花束。配合植株生長情況，適時更換較大的盆缽，或者依品種分別移植。單一盆就有數種多肉植物，組合盆栽給人非常划算的感覺。

將小型仙人掌栽種於空罐中，給人一種很前衛時尚的印象。大家一起來尋找可愛又有型的空罐吧。在擺飾用瓶罐或罐頭的空罐底部鑽洞，然後將仙人掌栽種其中。使用罐頭空罐時，建議選擇內側有塗裝，不會生鏽的空罐。

栽種於直徑3cm左右膠盆中的小巧
可愛多肉植物。集中擺在盆狀器皿
中，變身成一盆擁有多樣表情的迷
你組合盆栽。欣賞一陣子過後，再
移植到大一號的盆缽中。

移植換盆後一整個星期不澆水，之
後一次澆透，讓水自盆底排水孔流
出。

基本種植方式

確認培養土的狀況，必須在培養土乾燥的狀態下進行移植換盆。

若培養土潮溼，請先停止澆水，待培養土乾燥後再移植。

[材料]

植物（古紫）、多肉植物・仙人掌專用培養土、缽底網、覆蓋用的砂子與小石子、比種苗大一號的盆缽。

※工具：適合小容器使用的鏟子、鑷子和竹筷等。

裁剪一塊可以遮蓋住盆底排水孔的缽底網鋪在上面。

放入缽底石，直到完全覆蓋缽底排水孔為止。

倒入少許培養土，約到盆缽的1/3高度。

使用鑷子或竹筷，小心將種苗自膠盆中取出，輕輕拍落根部的殘土，移至新的盆缽中。

調整下方盆土，讓植株盤根部位至少低於缽緣1cm以上。繼續添加培養土至根部隙縫中，直到盆土埋住盤根部位。

最後，如同覆蓋盆土表面般鋪上砂子和小石子。

製作獨一無二原創的組合盆栽

將觀賞一陣子的迷你多肉植物,以自己獨特的審美觀製作成組合盆栽,

那將會是另外一種樂趣。要製作成組合盆栽的多肉植物,

必須從一個星期前就停止給水,讓土壤徹底乾燥。

小心地將植株從膠盆中取出,輕輕拍落根部上的殘土,

移至組合盆栽用的新盆缽中。

[材料]

多肉植物、多肉植物・仙人掌專用培養土、缽底網、缽底石、盆缽、覆蓋用的砂子與小石子。

※工具:適合小容器使用的鏟子、鑷子和竹筷等。

裁剪一塊可以遮蓋住盆底排水孔的缽底網鋪在上面。

調整下方盆土，讓植株盤根部位至少低於缽緣1cm以上。調整培養土時，要依序配置好植株的位置，添加培養土固定植株，直到每一株種苗都就定位。

放入缽底石，直到完全覆蓋缽底排水孔為止。

在植株隙縫中填滿培養土，直到盆土埋住所有植株的盤根部位。

倒入少許培養土，約到盆缽的1/3高度。

最後，如同覆蓋盆土表面般鋪上砂子和小石子。

移植換盆後的組合盆栽一整個星期不澆水，之後再一次澆透，讓水自盆底排水孔流出來。

近年來市面上有各式各樣
多肉植物的分株小芽。只
要購買各式小芽，便能繁
殖出更多品種。

多肉植物的繁殖方法

多肉植物的再生力強,容易繁殖。栽培各種小芽,
便能享受組合盆栽等更多排列組合的樂趣。

葉插方式繁殖

利用掉落地面的葉片就能繁殖。淺緣盆器中擺入
乾燥的栽培介質,並將葉片置於介質上,接下來
只要將盆器放在半遮陰～全遮陰的場所即可。暫
時不澆水,待長出根、芽,移至有陽光的地方,
並以介質覆蓋植株根部後再開始少量給水。新芽
長大後,移植到盆缽裡。繁殖用的葉片若呈乾枯
狀態,請記得拔除。

雖然名為「葉插」,但只需將
葉片置於介質上,不需要插入
介質中。

芽插方式繁殖

取一段健康植株的莖節,剪取時,原植株莖桿
需留下1cm左右。完全不澆水,待切口完全乾燥
後,再進行扦插。剪下來的莖節就算橫倒著,同
樣也會長出根,但莖桿可能會呈彎曲狀,所以要
盡量直立插著。置於通風良好,半遮陰～全遮陰
的場所1～2週,當切口附近長出根後,即可栽種
至盆缽中。一個星期不要澆水。

原植株的莖桿切口部位也會
長出新芽。

插在玻璃瓶中,變
身成美麗的室內擺
設。

確認多肉植物的類型，依照類型屬性進行日照與澆水管理

確認類型

多肉植物的原生地分布世界各地。多肉植物最大的特性是葉片具有貯存水分的功能，但這些植物的原生地並非僅限於乾燥地區。雨季會降下充沛雨量的地區；霧氣重，空氣中飽含水分的地區等，這些區域也都有原生多肉植物。

雖然同樣名為多肉植物，但栽培方式可說是五花八門。

以日本的種植環境來說，大致可將多肉植物分為「夏型種」、「冬型種」和「春秋型種」三大類。本書將針對這三類，為大家介紹基本栽培方式。若想進一步更深入了解何謂「夏型種」、「冬型種」和「春秋型種」的多肉植物，歡迎大家參考本出版社推出的《春夏秋冬多肉趣》等書籍。

夏型種

春季至夏季是生長期，冬季為休眠期。生長模式同一般花草，所以園藝店裡常見的多肉植物多為夏型種。

春季要有充足的日照，適量的水分。夏季忌陽光直射，最好要有遮陽網等防護措施。同樣要給予適量的水。秋季的照顧方式如同春季，充足的日照和適量給水。冬季則置於室內窗台邊，澆水量和次數都必須減少。

冬型種

與夏型種相反，秋季至冬季是生長期，夏季為休眠期。由於原生地多為寒冷地區，因此不耐日本炎熱夏季，照顧上需要多花點心思。

春季要有足夠的日照，減少給水量。夏季確實做好遮陽防護措施，完全不澆水。秋季的照顧方式如同春季，充足的日照和少量給水。冬季置於明亮窗台邊，給予充足的水分。

春秋型種

春秋型種只在春季與秋季穩定的氣候裡生長，夏季和冬季則為休眠期。基本上，照顧方式如同夏型種，但日本夏季過於炎熱，建議讓植株進入休眠。

春季為生長期，一定要有充足的日照和適量水分。夏季做好遮陽防護措施，

[盆底吸水的方法]
將種有多肉植物的盆缽置於裝有數公分高的水的容器裡約20分鐘，讓土壤從底部的洞吸收水分。

給予極少量的水。秋季也是生長期，同春季給予充足的日照與水分。冬季再次進入休眠期，置於窗台邊，給予極少量的水。

澆水注意事項

葉片狀似湯匙的品種，若葉片上積水的話，容易滋生細菌；而水珠具有聚光效果，在太陽照射下，容易導致葉片曬傷。所以，尤其是夏季，盡量使用長嘴澆水壺在介質上給水，不要直接往葉片上澆水。

除此之外，要向大家推薦另外一種安全的給水方式「盆底吸水」。在洗臉盆裡倒入數公分高的水，然後將種有多肉植物的盆缽置於洗臉盆中。如此一來，水不會潑溼盆土和植株，而根部也能夠直接從底部吸收水分。盆缽浸泡於水裡的時間因盆缽大小而異，小盆缽的話，大約20分鐘就足夠了。炎熱的夏季，建議在涼爽的傍晚澆水。

另外，對於夏季不澆水的類型，雖然葉片會顯得沒有生氣而令人擔心，但請務必忍耐，不要給水。秋季後再澆水時，植株再次恢復神采奕奕的姿態會人感到驚艷。

肥料

大多數的多肉植物原本就生長於土壤極為乾燥的地區，基本上，不特別施肥，植株也能夠活下去。

一旦施肥過量，恐會造成植株徒長，所以移植換盆之際，最好施用緩效性肥料。

養護管理

沒有充分日照，植株會徒長，葉片會失去光亮色澤。盡可能置於室外，給予充足的日照，找回植株的健康活力。

盆缽裡若長滿植株，請移植到大一號的盆缽中。另外，若多年沒有進行移植，介質會因為老舊而硬化，建議一年至少移植換盆一次。

多肉植物的種類

這裡將為大家介紹園藝店裡常見的多肉植物與仙人掌。

由於種類繁多，蒐集也變成一種樂趣。

❶ 醉斜陽（小水刀）

春秋型種。青鎖龍屬。越接近深秋，整體會逐漸轉紅。冬季綻放白色小花。冬季要減少澆水次數。當葉片起皺褶時再給水。

❷ 花筏

春秋型種。擬石蓮花屬。植株強健且耐熱性強。葉片呈美麗的紫紅色，只要有充分日照，一整年都能欣賞美麗色彩。要注意夏季高溫高溼，忌陽光直射。耐寒溫度為−5℃。

❸ 紅輝炎

春秋型種。擬石蓮花屬。邊分枝邊往上生長的類型。長細毛的葉片會變成紅色。忌夏季高溼和陽光直射，要特別留意。

❹ 紐倫堡珍珠

春秋型種。擬石蓮花屬。最大的魅力是微藍的綠色葉片，又隱隱約約透露出夢幻的淡紫色。淡紫色在乾燥期會稍微轉為濃郁。葉片彎曲虛軟，是日照不足的信號。

❺ 琉璃殿

春秋型種。十二卷屬。肉質厚且呈深綠色的葉片以螺旋方式交疊成蓮座狀。植株強健，容易培育。務必注意，直接照射陽光的話，會從葉片尖端開始枯萎。

❻ 古紫

春秋型種。擬石蓮花屬。日照充足時，葉片會變成濃郁的紫紅色。外型典雅沉穩，是最適合製作成組合盆栽的品種。不耐夏季的高溫高溼，要稍微多加留意。

❼ 黛比姑娘

春秋型種。風車草屬與擬石蓮花屬的交配種。地毯般質感的葉片，灰中帶紅。變成紅葉時，整株會轉為深紅。注意不要過度潮溼。

❽ 黑法師

冬型種。蓮花掌屬。深紫色的光亮葉片是最大的魅力，但日照不足的話，紫色褪去，葉片會轉為綠色。栽培處宜日照好且涼爽的場所。因具有樹木特性，植株會長得比較大。

❾ 戴倫

春秋型種。擬石蓮花屬。日照不足卻又澆水過量時，植株容易徒長，要嚴加注意日照和給水量。耐寒溫度為−2℃，可以平安過冬。

❿ 花簪

春秋型種。青鎖龍屬。灰綠色帶紅黑色斑點的葉片令人留下深刻印象。耐熱且耐乾旱，但忌夏季直射陽光。耐寒溫度為5℃。冬季要減少給水。

⓫ 紫麗殿

夏型種。厚葉草屬。葉片尖端渾厚是紫麗殿的一大特色。日照充足的話，葉片會呈亮麗的紫色。日照不足、水分或肥料過多時，原本均勻的紫色會變得斑駁不均。

七寶樹

春秋型種。千里光屬。秋季至冬季綻放黃色花朵。耐炎熱也耐寒冷,是非常容易栽種的品種。性喜直射陽光與通風良好處。

月兔耳

夏型種。伽藍菜屬。細長葉片上有短毛,像極了兔子的長耳朵,所以取名為月兔耳。葉緣的斑點圖樣是一大特徵。炎熱盛夏季節裡,請移至半遮陰處。

神刀

夏型種。青鎖龍屬。進入夏季後,植株中心部位會長出花莖,綻放許多鮮紅色的小花。植株強健且容易栽培,葉片會以互相交錯的方式生長,最長至40cm左右。

蝴蝶之舞

夏型種。伽藍菜屬。不耐寒冷,冬季需置於溫度5℃以上的場所。雖然耐夏季酷暑,但長時間置於強烈直射陽光下,或者澆水量過多時,容易造成植株徒長。建議擺放在半遮陰場所。

心葉毬蘭

蘿藦科毬蘭屬的常綠木質藤本植物,具蔓性。特色是心形厚質葉片。管理上忌陽光直射,但請置於明亮場所。土乾之後再充分給水。

星之林

春秋型種。十二卷屬。特色是葉片上如點點魚鱗般的白色斑點。耐炎熱、耐寒冷且耐強烈陽光,植株強健,容易栽培。植株筆直向上生長,且植株根部易生子株。

姬銀箭

春秋型種。青鎖龍屬。小型葉片上有細毛。置於日照良好的場所管理。不耐雨淋，所以澆水時勿淋溼葉片。

大瑞蝶

春秋型種。擬石蓮花屬。帶白粉的亮綠色葉片，邊緣鑲滾紅色彩帶。具耐寒性，適合新手栽培，可以栽種得又大又美。

玉露

春秋型種。十二卷屬。葉片頂端有透明窗體，是相當受歡迎的小型品種。過熱過冷都不適宜，需特別留意。

猛麒麟

夏型種。大戟屬。特徵是長得像仙人掌的外型。新芽出來的尖刺呈深紫紅色，不久之後會變成黃褐色。3月～5月期間會開花。

格林白菊

冬型種。仙女杯屬。最大特色是偏白色的葉片。仙女杯屬中最小的品種之一。要多注意盛夏酷熱與冬季寒冷。

美空鉾

春秋型種。千里光屬。細長偏藍的厚質葉片，表面帶有白粉。給水過量的話，葉片會向四周擴散，會破壞原本直挺的樹型。但基本上植株強健，容易栽培。

棒錘樹

夏型種。棒錘樹屬。別名非洲霸王樹。如同仙
人掌，莖桿上有尖刺，葉片長在頂端，呈散開
貌。要注意悶熱。

蘿藦阿修羅

夏型種。星鐘花屬。莖桿上有許多尖刺般的
突起。植株強健，子株呈群生狀。適合擺放在
非陽光直射的明亮場所。

仙人掌

希望丸

夏型種。銀毛球屬。長滿細刺與乳突的球狀仙
人掌。此外，表面還覆蓋著白色軟毛。春季綻
放呈環狀排列的紫紅色小花。

月世界

夏型種。月世界屬。球身披覆白色尖刺，易長
子球而群生。不耐高溫高溼，請置於通風良好
處。

紫太陽

夏型種。鹿角柱屬。小型柱狀種。隨著日漸茁
壯，紫色尖刺會呈現濃淡條紋圖樣。是非常受
歡迎的美麗仙人掌。

白星

夏型種。銀毛球屬。全株披覆著如白雪般的白
毛。從植株根部澆水，才能保持白毛的乾淨、
美麗。

就算不知道品種名，仙人掌就是仙人掌

園藝店裡常見許多沒有名稱的仙人掌擺在出售架上。這多半是因為植株尚小，難以辨認品種的緣故。舉例來說，植株還小時，看起來同樣是圓形的品種，但長大後，有些繼續維持圓形，有些則會持續向上生長。顏色和尖刺的長度也可能會隨栽培環境而改變。如上方照片所示，雙色仙人掌是透過不同品種的嫁接方式培育而成。除此之外，有些仙人掌的名稱是各園藝店自行命名，而非原本品種名，因此，若說到仙人掌的名稱，其實還真的挺複雜的。不過，就算不知道仙人掌的名稱為何，還是請大家要用心好好照顧。

絕對不會枯萎的多肉植物？

　　照片中的多肉植物絕對不會枯萎。因為這是一款以樹脂製作的人造多肉植物。做得很逼真吧？多肉植物的厚質葉片表面原本就很光滑，所以利用樹脂這種材料來製作，輕易就能製作出逼真的多肉植物。將人造多肉植物與真正的多肉植物擺在一起，讓家裡訪客猜猜「哪一盆才是真的」，不嘗也是件有趣的事。

part3 | 空氣鳳梨 |

「空氣鳳梨」是鳳梨科鐵蘭屬植物的總稱。主要分布於南、北美洲，這廣大的分布範圍，顯示其能夠適應各種環境。又名「空氣草」、「鐵蘭花」。附著於樹木或岩石上生長，看似不需要任何土壤介質，但事實上空氣鳳梨還是需要水和陽光，只是單純將植株擺在桌上，最後還是會枯萎。

Mini plants
Mini plants
Mini plants
Mini plants

無須栽種於土壤介質中。
但給水等基本養護千萬別馬虎。

繁複的品種多種多樣

雖然統稱為空氣鳳梨，但其實品種繁多，形態各異。原生地遍布沙漠地帶、熱帶雨林、高山地帶等形形色色的環境中。因此，想要植株健壯又長壽，必須先掌握品種的特色。然而這並非容易之事，所以本書將會跨品種，針對全盤性的空氣鳳梨，為大家介紹「可以盡量讓植株活得又長又久的培育方法」。

隨性多樣化的布置方式

絕大多數的空氣鳳梨都是「附生植物」。附生植物是指即便不從根部吸收水分和養分，光靠來自葉片的水分和養分就能活下去的植物。而這些植物多半攀附在其他樹木或岩石上。

因此，栽種空氣鳳梨時，基本上不需要土壤等介質。若要採用盆植的方式栽種，盆缽裡放石頭或樹脂都可以。排列於盤中，以繩索懸掛於空中的栽培方式都可以。

空氣鳳梨是外形極具個性化的植物。請大家在喜歡的地方，依個人喜好布置，將空氣鳳梨當居家擺飾，自由盡情地享受創作樂趣。

千萬少不了水和陽光

空氣鳳梨雖然不需要土壤等介質，但需要澆水和日光浴。多數空氣鳳梨在原生環境中，長期吹拂著高溼度的風，淋著帶有養分的雨水和霧氣，所以就算沒有紮根在土壤中，也可以生存。然而，在室內環境下，若栽種者沒有給予水和養分，植株便無法存活下去。

因為名為「空氣鳳梨」，生長速度又極為緩慢，所以容易給人可以活很久，很長一段時間過後才會枯萎，就算置之不理也活得下去的印象，然而事實絕非如此。

不過，大家也無須過於擔心，照顧空氣鳳梨沒有想像中那麼困難，而且一點也不辛苦。有心栽培的話，請傾聽遠道而來的空氣鳳梨無聲的心聲，讓他陪著你一步一步地走下去。

無須培養土也可以培育，擺在沙子、石礫、珊瑚中等都可以存活。自由布置，享受創作室內擺飾品的樂趣。
植物（左起為紅三色、Tillandsia velickiana、紅頭小犀牛）

簡單的空氣鳳梨花環

完成一個可以掛在牆壁上、立在矮櫃上的花環。

使用鐵絲輔助，便能輕易完成。

[材料]

空氣鳳梨（左起三色花、白毛毛、卡比他他）、花環底座、鐵絲
（建議使用花藝專用的柔軟且較不醒目的軟鐵絲）。

為了固定空氣鳳梨，必須先將鐵絲綁在空氣鳳梨上。適度地將鐵絲繞過葉片，然
後將鐵絲纏繞在根部，捲好並固定好，作業時小心不要折損或刮傷葉片。

將處理好的空氣鳳梨綑綁在花環底座上。鐵絲纏繞得過緊的話，恐會勒傷植株，
這一點務必多加小心。

固定於盆缽或浮石上的市售空氣鳳梨。牢固不
翻覆，擺放於任何地方都很方便。因長時間置
於店家，顯得有些乾燥，只要給予充分日照和
水分，很快就能恢復生氣。
植物／（左起）虎斑章魚、哈里斯

固定於流木上的方法

空氣鳳梨具有附生植物的特性，若能固定於某種東西上，將有助於長得更加茁壯。
建議大家使用素燒盆器、流木、樹皮屑（覆蓋資材）、浮石等。

[材料]

空氣鳳梨、流木、鐵絲（建議使用柔軟且不明顯的花藝用軟鐵絲）、牙籤等細長棍棒、螺絲起子。
※螺絲起子用於流木上鑽孔。流木多半較軟，使用螺絲起子就能在上面鑽孔。若使用材質較硬的木板，請改用鑽頭或鑽子。

先使用螺絲起子在流木上鑽出適當大小的洞孔。

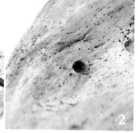

將鐵絲繞過空氣鳳梨的葉片，纏繞於根部，然後扭轉好剩餘的鐵絲。作業時小心不要折損或刮傷葉片。

將綁著空氣鳳梨的鐵絲穿過流木上的洞孔，底部纏上牙籤等小棍棒，使鐵絲不會因縮回去而從洞孔中脫落。固定好就完成了。

利用吊掛組將空氣鳳梨懸掛於空中
栽培，也是一種創意。將空氣鳳梨
植入百圓商店購買的玻璃製吊掛器
皿中，再綁上繩子懸掛於空中。善
用這個空間，即便是狹窄的室內，
也能使空氣鳳梨舒適生活。
植物／（右）松蘿鳳梨、（玻璃容
器上方）章魚、（玻璃容器下方）
斜角巷

備齊「溫柔的光線」「足夠的水分與溼度」「適度的通風與氣溫」等條件

光線與溫度

多數空氣鳳梨附生於森林中的樹木上，性喜林間灑下的柔和陽光。雖然部分品種能生長於直射陽光下，但所處環境多伴有涼風吹拂。若要將植株栽培於室內的話，切記勿長時間置於直射陽光下。尤其是夏季，高溫又無風的狀態，一定要做好遮光防護措施。

冬季可置於直射陽光下，但盡量置於距離窗邊1公尺以上的明亮場所。

溫度10℃～30℃為宜。不耐30℃以上高溫的品種，請移至較為涼爽的場所。

能承受10℃以下的氣溫，但會暫時停止生長，澆水控制在一星期1次就好。

一整天的溫度變化有助於促使生長，可投其所好，盡量將植株擺放在白天溫暖，夜間氣溫會下降的場所。

通風

對空氣鳳梨來說，最重要的條件是通風。然而強風反而會造成植株乾燥。最理想的通風程度，是澆水後12小時左右表面才開始變乾。

特別是栽種於室內的情況，夏季於澆水後打開窗戶讓空氣鳳梨吹吹風。若葉片表面總是呈溼潤狀態，恐會造成植株腐爛。

無法開窗的情況下，可開啟電風扇，以弱風輕輕吹拂。

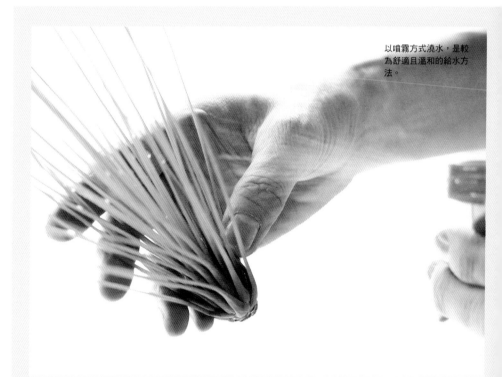

以噴霧方式澆水，是較為舒適且溫和的給水方法。

澆水

　　「空氣鳳梨」不需要土壤介質，容易給人「空氣鳳梨不需要澆水」的錯誤觀念，雖然耐乾燥卻性喜水。

　　部分品種可每天澆水，絕大多數的品種則適合一週2～3次即可。植株整體都要給水，以水珠會滴落的程度為原則。室內澆水恐弄得到處溼答答，可在室外或浴室裡澆水，或在稍微弄溼也無妨的地方以噴霧方式給水。

　　假設給水量多到12小時以上葉片依然不會變乾的話，表示空氣鳳梨無法吸收，狀態有些虛弱。

　　另一方面，冬季澆冷水恐會傷害植株，氣溫下降的傍晚之後，絕對不要澆水。盡量在上午時段澆水，讓葉片於白天慢慢吸收。

　　氣溫降至10℃以下，澆水次數改為一週1次。

浸溼

　　臉盆裡蓄水，然後將空氣鳳梨浸在水裡的澆水方式稱為「浸溼（soaking）」。空氣鳳梨過乾而變得虛弱時，請用這種澆水方式。若平時給水足夠的話，不需要特別以浸溼這種方式給水。

　　浸溼時間約6個小時。為避免植株腐爛，不可連續浸泡在水裡長達12小時以上。除此之外，盡量於室溫高的時候才進行這種給水方式。

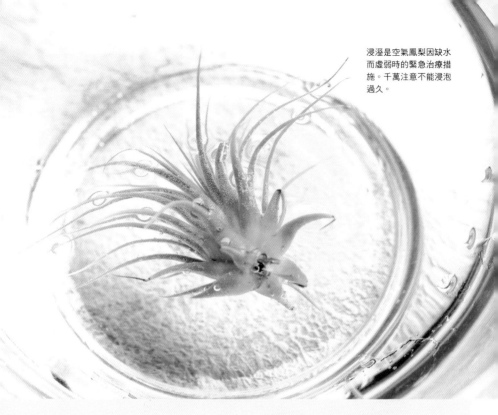

浸漬是空氣鳳梨因缺水而虛弱時的緊急治療措施。千萬注意不能浸泡過久。

施肥

　　基本上不需要施肥。若希望植株長得快又茁壯，可於春秋兩季給予稀釋過的液肥，以噴霧方式施肥。

平日養護

　　枯萎至根部的葉片，請小心整片摘除。若只有葉片尖端因枯萎而變色，請使用剪刀剪掉變色部位。

照顧得宜，有些品種會開花！

多數品種的空氣鳳梨，只要給予充分日照，植株長大後會冒出花芽。色彩鮮豔的花朵如同美麗的小鳥。大家多用點心悉心呵護，期待有一天能欣賞美麗花朵。開花需要更多能量，記得於開花前後各施肥一次。

空氣鳳梨種類

多數空氣鳳梨看來十分相似，但各自擁有獨特的豐富個性。
現在就讓我們一起來欣賞這猶如藝術品的美麗外形與繽紛葉色。

❶ 卡比他他

依花色的不同，可分為黃色、栗子色、桃色、紅色、橙色等各種栽培品種。因為不耐寒冷，冬季置於溫度8℃以上的室內管理。

❷ 白毛毛

白毛毛有很多近緣種，這是基本品種。葉片細長，吸收水分的速度快，非常容易栽種。稍微不耐炎熱，夏季盡量置於涼爽的場所，並且多澆點水。

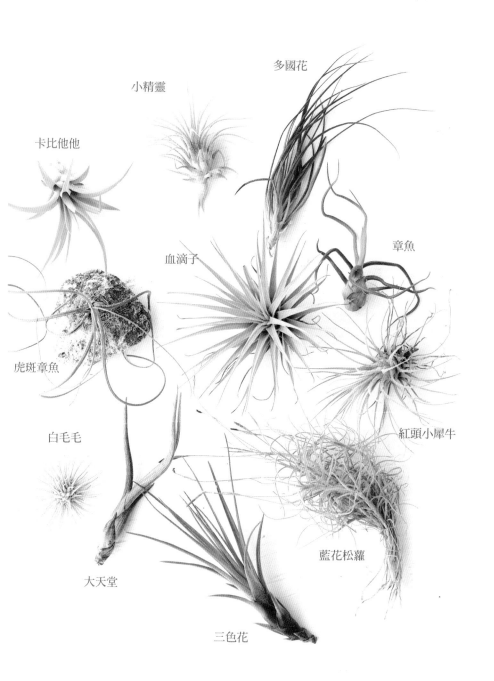

多國花

小精靈

卡比他他

血滴子

章魚

虎斑章魚

紅頭小犀牛

白毛毛

藍花松蘿

大天堂

三色花

酷比

哈里斯

Tillandsia
velickiana

迪迪斯

貝可利

紅三色

松蘿

斜角巷

虎斑章魚

容易取得的品種之一。性喜高溼，可多澆點水。會綻放紫色花朵。

大天堂

與貝利藝（Tillandsia baileyi）不同品種。特色是葉片非常硬，生長速度極為緩慢。

小精靈

是空氣鳳梨的代表品種，而且有很多變種。置於明亮且通風良好的場所栽培。植株強健。

血滴子

分類上不屬於空氣鳳梨屬，而是鶯歌鳳梨屬。以匍匐莖繁殖子株。會綻放紅色花朵。

多國花

生長速度快，容易開花，適合新手栽種。若採用盆植方式種植，建議多澆點水。

章魚

忌乾燥，建議在盆缽中填土，以盆植方式種植。葉片形狀及鮮紅色複穗狀花序、管狀紫色花朵深具魅力。

紅頭小犀牛

栽培處宜溼度高、通風良好處，澆水時多澆一點。稍微不耐炎熱。

藍花松蘿

多澆一點水。栽培環境好的話，會持續綻放充滿迷人香氣的紫色花朵。

三色花

建議在盆缽裡填入浮石，水蓋過植株根部，並置於明亮場所管理。植株強健。

酷比

不耐悶熱，夏季盡量置於通風良好處。會綻放淺粉紅與紫色花朵。

哈里斯

容易栽培的入門款。有著銀白色的美麗葉片，以及紅色搭配紫色的花朵。葉片容易折損，要特別注意。

Tillandsia velickiana

容易乾燥，性喜水，記得給予足夠的水分。不耐高溫，夏季要置於通風良好處。

迪迪斯

這種品種有很多變種。黃色扭轉形狀的花朵極具特色。生根培養是栽培迪迪斯的訣竅。

貝可利

植株喜水，最好隨時保持一定的溼度。建議在盆缽中填土，以盆植方式種植。

紅三色

生長速度非常緩慢的品種。給水後切記甩掉殘留於芯部的水。

松蘿

可吊掛於避開直射陽光的明亮窗邊，為避免植株乾燥，可多澆點水。

斜角巷

標準的空氣鳳梨品種，不需要過於在意澆水和日照等條件。生長速度緩慢，會綻放白色花朵。

植物要永遠美麗，澆水一定要溫柔

　　繪本或動畫故事中的小小生物，每當下起雨時，總以堅固的葉片當作雨傘來遮風擋雨。對弱小的小生物來說，水滴是又大又重又危險的存在。這對小植物的小葉片來說也是同樣的道理。從澆水壺潑灑出來的水，可能會使細長的莖桿因承受不了水的重量而折斷；可能會讓土塊彈跳起來而刮傷葉片，這對植物來說，都是一種困擾。幫小型植物澆水時，首先要準備一個長嘴澆水壺，以出水口較小的茶壺代替也可以。然後，重點是動作輕柔地將水灌注在植株根部。另外，不要忘記準備一個噴霧澆水器。葉片需要澆水的植物，絕對少不了這樣實用的園藝工具。

part**4** 苔蘚&水生植物

這兩種植物最喜歡水了,而且無論哪一種,都極為適合打造成日式植栽景觀。在高溫潮溼的日本,自古居家就常栽種這兩植物,為炎熱的天氣捎來一絲涼意。這兩種植物雖不如觀葉植物來得亮眼,但出乎意料地適合用來製作組合盆栽。苔蘚與水生植物多半給人栽種於庭院的感覺,但現在培養在室內不再是天方夜譚。各位,要不要在悶熱的房間裡,布置一個消暑的小角落呢?

苔球種得美的訣竅

正因為是長於盆栽的苔球
更需要盆栽原有的土壤

苔球也是盆栽的一種

植物栽種數年後，根部深植土壤中，而土壤表面會長出苔蘚，將這樣的山野草盆栽自盆缽中取出，然後直接裝飾於陶板或水盤上供人觀賞，這就稱為「洗根盆栽」。

賞玩苔蘚的方法之一「苔球」，其實就是一種能夠以簡單的方式體驗洗根盆栽的栽培。不但容易管理，又方便四處移動，甚至可以隨性組合與裝飾。在小世界裡創造壯麗的自然景色，這同時也是日本人最擅長且最獨特的園藝技術。

需要盆栽專用的泥炭土

製作苔球並不困難，任何人都做得

到。唯一需要注意的是製作苔球必須使用其他園藝較不常使用的「泥炭土」。

所謂泥炭土，是指蘆葦、日本櫸樹、藻類、苔蘚等生長在溼地、水邊的植物，因長年堆積於水底而變成泥土狀。這些土壤的特色是富含有機物質，具良好的保水性。

因不夠透氣，所以一般盆植都不使用這種土壤。另外，又因為加水後黏性變強，乾燥後堅固如石的特性，盆景業界常用這種土壤作為接著劑。

為了能夠塑成圓形，製作苔球時，主要都使用泥炭土。雖不是耳熟能詳的培養土，但一般園藝店都買得到。

挑選能搭配苔蘚的植物

苔球上可以栽種各種植物，但兩種植物會逐漸融合成一體，建議最好篩選一下。彼此喜歡的環境迥然不同，或者植株會越長越大等，這些植物都不適合。

當然了，非日式植物也可以。若是新手初次體驗，建議挑選植株強健且容易照顧的觀葉植物。

栽種於苔球上的是武
竹。給人宛如置身林間
般的涼爽舒適。

[材料]

植物（袖珍椰子）、苔球專用土（泥炭
土、小顆粒赤玉土、稻殼炭）、水苔
大灰蘚、線繩（建議使用化學纖維的縫
縫線。棉線需要較長時間才會溶解。）
※工具：碗缽、剪刀等。

若盆土過乾，拔起植株時，根部附著
土球容易碎裂，建議先澆水淋溼。

事先準備好大灰蘚和專用土。

苔球的製作方法

使用大灰蘚製作苔球。製作苔球時，最需要注意的是水分。
水是負責固定苔蘚與土壤的接著劑。

準備
大灰蘚

一般來說，大灰蘚以片狀方式販售。翻至背面，可能會發現有些部位呈
茶褐色。苔蘚沒有根，所以茶褐色是枯萎現象。請先將茶褐色部位摘
除，清理乾淨。

準備苔球
專用土

一般苔球玩家似乎都很講究苔球用土的材料配比，但新手的初次體驗，建議先以泥炭土3份、赤玉土（小顆粒）1份、稻殼炭1份的比例混合攪拌均勻。

將泥炭土、赤玉土和稻殼炭全部倒入碗缽中，整體攪拌均勻。

慢慢加水，以揉麵團的方式充分揉捏均勻。

揉捏到赤玉土變軟，整體有黏度又有光澤，大約是耳垂的軟度。然後搓揉成一個適當大小的圓球。

混合好的剩餘混合土裝入密封袋或密封容器中保存。變硬也沒有關係，下次要使用時，加水重新揉捏就可以了。

將苔球專用土覆蓋在植株土球上

從膠盆取出植株時，小心不要捏碎土球，並輕輕地將土球揉圓。

逐步分層在土球四周圍覆蓋苔球專用土，壓緊並盡量保持球狀。

覆蓋水苔

水苔沾水，輕捏一下（水珠會滴落的程度），然後均勻覆蓋在苔球用土四周。同樣逐步覆蓋，壓緊並保持球狀。

為避免水苔散開脫落，用細線細緊固定苔球。先以手指壓緊線頭，用線繞苔球一圈，纏繞的線要壓在線頭上，才能避免線材鬆脫。所有方向都纏繞上細線，固定好之後用剪刀將線剪斷，並用竹籤將線尾巴塞進苔球中。

覆蓋大灰蘚

蒲事先浸過水的大灰蘚，以如同覆蓋水苔的方式將大灰蘚覆蓋於水苔層。保留底部不要覆蓋大灰蘚。

之所以底部不要覆蓋大灰蘚，是因為底部曬不到陽光，久了之後大灰會黃化，甚至慢慢擴散至其他部位。

同以細線纏繞水苔般，這裡也要細線纏繞固定大灰蘚，避免大灰散開脫落。

整形狀

同從細線縫隙中突出來的大灰盡量將形狀調整成球狀。

水洗後就完成了！

輕輕地讓苔球沉入裝好水的碗缽中，洗去表面多餘的浮土和和苔蘚。拿起來後稍微輕捏一下。水洗過後，大灰蘚的顏色會更加鮮綠。

上方是搭配竹節蓼的苔球，下方是搭配斑紋常春藤的苔球。這兩種植物都具蔓性，莖桿會匍匐生長。植株向下垂吊，隨風擺動，搖曳生姿。植株強健且生長力旺盛，需要偶爾修剪，調整形狀。

製作吊掛型苔球

隨風搖擺的苔球獨具魅力。製作方法很簡單，
但因為容易風乾，記得要多澆幾次水。

[材料]

苔球、垂掛用線繩、鈕
釦、鐵絲。
※垂掛用線繩，建議使用
堅固又不明顯釣魚線。

將釣魚線鉤在針（鐵絲）上，從苔
球底部垂直向上穿刺進去。從上方
將釣魚線拉出來，直到鈕釦貼合於
底部。

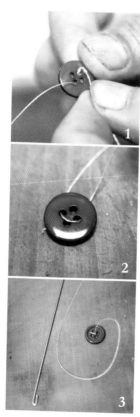

將釣魚線穿過鈕釦，然後如圖所示
範地彎曲鐵絲，這是等一下要用來
穿過苔球的針。

活用〔漁具轉環〕

穿過苔球的釣魚線要預
留20cm左右的長度，
上方固定在「漁具轉
環」上。「漁具轉環」
的另外一頭再繫上別的
繩索，如此一來既可調
整長短，又可以避免苔
球不停旋轉。另外一個
好處就是方便拆卸，隨
時可以取下苔球加以修
剪調整。
※「漁具轉環」是釣魚
用具，可於釣魚用品店
購買。

適合搭配苔球的植物種類

這裡將為大家介紹幾組苔球與植物的最佳拍檔。
任何一種搭配皆能製作成桌上型和吊掛型兩種。

海州骨碎補

原產於馬來西亞，與骨碎補是同科同屬的植物。因為
是蕨類植物，外型給人十分清爽的感覺。性喜通風良
好處，植株強健。喜歡陽光，但夏季為避免葉片曬
傷，最好置於半遮陰處。葉片尖端變茶褐色是因為水
分不足所致。

酒瓶蘭

別名酒矸蘭。原生於美國德克薩斯州至墨西哥一帶。
耐乾旱且耐寒冷，喜歡充足的日照。待土乾之後再充
分給水，但小心不要積水。

竹節蓼

別名蝦蚣草、扁竹。在日照好或半遮陰處皆能生長，但不耐高溫高溼，所以夏季要置於通風良好的場所。缺水會枯萎，偶爾也需要葉片噴水。

變葉木

耐熱但不耐寒冷，冬季會落葉，需要特別照顧一下。盡量置於一年四季都有充足日照的地方。葉片澆水後，記得幫葉片擦拭乾淨。

鳳尾蕨

鳳尾蕨的種類非常多，在日本最具代表的是歐洲鳳尾蕨。一年四季都置於明亮的遮陰處，避免陽光直射。春季～夏季期間要充分給水，避免培養土乾燥；冬季則等培養土乾了之後再給水。

日本楤

沁涼清爽的姿態深受好評，大型日本楤可作為觀葉植物欣賞，小型日本楤則可以打造成盆栽賞玩。葉片在強烈陽光照射下會變色，盡量置於避開陽光直射的明亮遮陰處。

萬年竹

別名萬年青。是非常容易栽種的植物。性喜水。一年四季的栽培處宜隔著窗簾仍有日照的場所。因為不耐寒冷，冬季要置於10℃以上的場所。

人參榕

可以發育成大樹，但生長速度緩慢。修剪過長莖枝和調整樹形等作業都不會太困難。性喜高溫高溼，但給水過多恐會導致枯萎。葉片部分也要確實噴水。

訣竅是讓苔球吸飽水。
頻繁確認以避免乾燥。

苔蘚類容易乾燥，尤其是夏季，千萬不要置於陽光直射的地方。

寒冷地區的冬季期間，注意不要讓苔球中的水氣結凍。請放入保麗龍或紙箱中等做好防寒措施。

另外，植物有向光性，長期沒有改變方向，植株恐會傾斜，破壞整體美觀。偶爾要改變一下植株的擺放方向。

放置場所

若觀葉植物栽種於苔球上，要盡量置於曬不到直射陽光但明亮的場所，例如隔著窗簾的窗台邊。而在冷暖氣開放的室內，也絕對不要置於出風口處。

苔球上栽種的若是觀葉植物以外的小型樹木，因原本是戶外自然環境中長大的植物，最好於室內擺放數日後就移到室外呼吸新鮮空氣，享受一下日光浴。偶爾親近一下大自然，可以維持植株的朝氣蓬勃。

澆水

苔蘚表面乾了之後再澆水。澆水次數依擺放地點等生長環境而異，基本上夏季是早晚各1次，其他季節則是1天1次。

不過，澆水次數非制式管理，最好平時多觀察幾次，視需要隨時調整。另外，除平日澆水外，偶爾的葉片噴霧有助於防止栽種於苔球上的植物乾燥。

給水方式為在水盆等容器中蓄水，將苔球放入水中。苔球放入水中時會冒出

浸在水中的苔球冒出氣泡，是水取代空氣進入苔球內的證明。栽種於苔球上的植物，請小心不要浸在水中。

氣泡，這時不要立刻拿起來。浸泡時間依乾燥情況而定，原則上1～2分鐘。當不再冒出氣泡時，拿起苔球輕輕甩掉多餘的水，然後再放回盛裝器皿上。

器皿上若有積水，務必倒掉。若不處理積水，恐會造成植株的根部腐爛或發霉，苔球會因此枯萎而黃化。

噴霧給水只能使表面潮溼，務必以浸泡於水中的方式充分給水。

肥料

苔球上無法放置固體肥料，施肥時要改用液肥。將按照規定濃度再稍微稀釋的液肥盛裝在水盆裡，同平日的澆水方式將苔球置於水盆中。原則上2～3週1次即可。要注意過量施肥恐造成徒長或傷害根部。除觀葉植物外，苔球部分在冬季期間不需要施肥，僅適度澆水就好。

養護管理

植物生長情況不佳時，會連帶造成苔球傾斜或傾倒。葉片若過於茂盛，不僅影響美觀，也會使葉片因悶熱而枯萎。這時要適度修剪過長的莖枝，並且疏剪植株上的葉片。定期幫苔球塑形，也是賞玩苔球的樂趣之一。

若上方植物的根部突出於苔球，請重新製作一個大一號的苔球。

苔蘚盆栽的種植方式與管理

　　將苔蘚植物種植於盆缽中，謂之苔蘚盆栽。可如同苔球般搭配觀葉植物或小型樹木一起打造盆栽，也可以純粹栽種苔蘚植物，享受另外一種意趣的盆栽。

　　苔蘚盆栽的種植方式很簡單。只需要先將最小顆粒的赤玉土與2成左右的水苔混合好的混合土填入盆缽中，然後鋪上小石子和苔蘚植物就可以了。

　　和苔球一樣，苔蘚盆栽也需要足夠的水。因苔蘚植物沒有根，澆水時不能只有盆土表面潮溼就好，隨時留意土壤整體都必須保含水氣。

　　在園藝店和盆栽專賣店都買得到苔蘚植物。除了用於製作苔球的大灰蘚外，真蘚、南亞白髮蘚等都是比較常見的苔蘚植物。

苔蘚植物通常都是少量販售，大家可以從小巧玲瓏的苔球或苔蘚盆栽開始體驗。上方兩盆是南亞白髮蘚；下方兩盆是大灰蘚。

市售的掌心迷你盆栽。精緻的小盆缽中孕育著大自然。
植物／（前方起順時針方向）伏石蕨、海州骨碎補、斑紋玉龍草、南亞白髮蘚。

適合栽種於苔蘚盆栽中的植物種類

底下為大家介紹迷你苔蘚盆栽的組合範例。

除苔球外，日式小型樹木也非常適合。挑選盆器也是一種樂趣。

日本落新婦

虎耳草屬多年生草本植物。白色如泡沫般的花朵看起來就像新嫁娘。這是產於和歌山縣的小型品種。性喜半遮陰處，要給予充足的水分。照顧起來不費功夫。

斑紋木賊

多年生草本植物，原生於本州中部以北較涼爽且有溼氣的地區。性喜半遮陰處。給水原則為夏季1天2次，春秋1天1次，冬季則是5天1次。不需要特別施肥。若莖桿尖端黃化，可從枝節處摘除。

火刺木

半遮陰或全遮陰處都能生長，但盡量置於日照良好的場所。澆水原則為土乾後再充分給水。不需要特別照顧也會長得很好，但樹形紊亂的話，建議還是要偶爾修剪一下。

細柱柳

性喜日照充足的場所，但半遮陰處也可以生長。原生於水邊，不耐乾燥，給水過多也不會枯死，所以切記要給予足夠的水。耐寒冷，同時也耐炎熱。

白紫檀

性喜日照。冬季不要連續1週都置於室內，而其他季節則最多3天。不耐熱也不耐寒冷，盡量於半遮陰處管理。給水原則為土乾後再給水。

黑松

性喜日照充足的場所，但半遮陰或全遮陰處都可以生長。冬季不要連續1週都置於室內，而其他季節則最多3天。土乾後再充分澆水，忌潮溼。

水生植物的種植方法
所需配備資材較少，
比想像中來得容易著手

以生長方式分類

水生植物可大致分為5類。原生於水邊，根部沒有浸在水裡也能夠生長的「溼地植物」；根生於水底，莖桿伸出水面外的「挺水植物」；僅葉片漂浮於水面上，根系仍生於水底土壤中的「浮葉植物」；整株植物體都漂浮在水面上的「浮水植物」；整株植物體全浸沒於水面下生長的「沉水植物」。

使用專用培養土更方便

可以在水缽底部直接填土，但除了溼地植物和浮水植物外，一般都會將栽種於盆缽土中的水生植物連盆一起沉入裝水的器皿中。土壤方面，建議使用市售的水草專用小顆粒赤玉土。並且事先混

合好防根腐爛劑。

一般專用培養土都已經混合好肥料，但使用赤玉土的話，可先在赤玉土底部放置2～3粒緩效性肥料。但要特別注意，植物根部不能直接與肥料接觸。

石頭與水質淨化劑

裝水容器外的器皿底部可以擺放一些小石頭或玻璃珠。尤其是透明器皿，石頭等飾品可以更加凸顯美麗的外觀，也有助於掩蓋底部一些沉積物。另外，事先在小石頭或玻璃珠底下倒入水質淨化劑，還能有效防止水中環境遭到汙染。園藝店裡買得到水質淨化劑，有些以炭為原料，有些做成石子形狀，有各式各樣的種類。

裝飾小物

器皿中若再擺放一些和風小飾品，整體氣氛會更加與眾不同。例如，水中放一個陶瓷製的筷子架或各種充滿日式風情的小飾品。而尋找小飾品也是栽種水生植物的一種樂趣。

將小石子鋪在小魚缸底部，然後擺入銅錢草與中水蘭的組合盆栽。

水管理很重要，但出乎意料外省事。
配合植物特性照顧，更能夠樂在其中。

將挺水植物卡羅萊納過長沙栽種於小型陶製容器中，瞬間充滿日式風情。

將浮葉植物水金英置於白色盆缽中，再以小鳥造型的白色筷子架作為點綴。

種植於素燒盆中

建議選擇素燒陶盆作為栽種植物的盆器。素燒陶盆吸水性佳，浸在水裡時，能夠供給所有土壤水分。這就是市售水生植物多半栽種於素燒陶盆中的理由。

至於需要多少水量，水生植物依生長習性的不同，對水深的要求也不盡相同。

浸在水裡後，靜置一段時間

將盆缽浸在水裡時，讓盆缽慢慢沉入水底。雖然盆缽剛浸在水裡時，會因為土壤揚起而混濁一缸子水，但稍微靜置一段時間，待揚起的土壤沉澱後，水就會再次變清澈。

水管理

水生植物的水管理比想像中來得省事。只要隨時維持植物所需水量，不足時加水就可以了。但夏季水分蒸發得快，每天都必須補充足夠的水。雖然水

會逐漸渾濁，但對植物不會產生不良影響。若使用透明容器的情況下，水一旦渾濁就會十分明顯，這時候可以一星期換水1次，以一直注水或全部換掉的方式換水。

個較大的盆缽。根部糾結會影響生長，這對水生植物來說也是一樣的。

放置場所

水生植物和一般植物沒什麼不同，沉水植物等只能吸收水裡的氧氣，因此需要足夠的日照，要盡量將植株擺放在明亮窗台邊。

但夏季需要特別留意，若長時間置於窗台邊，一旦水溫升高，恐會造成植株弱化，或是滋生藻類、細菌。另一方面，裝了水的透明容器會產生凸透鏡效果，使光線集中於一點，恐會有起火燃燒之虞。因此，夏季請移至明亮但沒有陽光直射的場所。

移植換盆

植物根部若突出於盆底，建議更換一

移植換盆時使用小顆粒的赤玉土（上），或者水生植物專用培養土（下）。另外也要準備防根腐爛劑和稻殼炭。

水生植物的種類

為大家介紹幾種容易栽種且又方便購買的水生植物。

近年來大賣場裡也有水生植物專賣區，大家有機會可以去逛逛挑選一下。

❶ 僧帽葉槐葉蘋
❷ 人厭槐葉蘋

這兩種植物皆屬槐葉蘋科多年生草本植物，另外也因為是蕨類植物，所以不會開花。同屬浮水植物，漂浮於水面上，因繁殖力強，會往四周圍蔓生擴散。夏季要注意，直射陽光若過強，植株會褪色。不耐寒冷，冬季盡量置於明亮溫暖的場所管理。冬季期間乍看之下像是枯萎，但植株其實還活著，請不要丟棄。

❸ 金魚藻

青鱂魚常於金魚藻中產卵，屬於浮水植物。置於日照能持續半天以上的場所管理，但強烈直射陽光恐會使植株褪色。耐寒冷，於水底等待春天的來臨。

石菖蒲

挺水植物。多生長於池塘或河川附近的多年生
草本植物。日式庭園也常用石菖蒲來造景。置
於向陽處，半遮陰處管理。耐寒冷，除寒冷地
區外，可置於戶外過冬。

銅錢草

會向四周圍蔓生的挺水植物。5月～9月期間
會綻放小巧玲瓏的白色花朵。栽培處宜有半天
以上的日照環境。具耐寒性。

丁香水龍（Ludwigia arcuata）

挺水植物。7月～9月開小花，花色鮮黃。氣
候溫暖的地區，冬季也可以欣賞到美麗的植株
姿態。但稍微不耐寒冷，冬季需要特別留意。

水金英

漂浮於水面上，會向四周圍蔓生的浮水植物。
10月左右會綻放如杯子形狀的淺黃色花朵。
稍微不耐寒冷，冬季需要特別留意。

中水蘭

冬季時植株和球根都能保留下來的挺水植物，
具耐寒性。因繁殖力旺盛，難以清除乾淨，千
萬不要隨意丟棄在河川或池塘裡。

卡羅萊納過長沙

會往四周圍蔓生的挺水植物。7月～9月期間
會從莖節處開出紫色小花。栽培處宜有半天以
上的日照處。具耐寒性。

覆蓋用資材，
好處多效果佳

　　覆蓋於盆土表面的小石頭、樹皮屑、稻草、麥桿等統稱為「覆蓋用資材」。而這些覆蓋用資材的功用並非僅限於裝飾、遮蓋土壤，還有其他重要用途。

　　覆蓋用資材還有其他重責大任。首先，具有穩定土壤環境的功效。可防止水分從土壤表面蒸發；緩和外界的氣溫變化造成土壤溫度的急遽改變。

　　其次是可保護植株免於被弄髒。避免土乾時有塵土飛揚的問題；而土壤潮溼也有助於預防土壤沾附於葉片上。這不僅可避免塵土弄髒室內環境，同時也能防止植株本身受到汙染或病蟲害。另外，雖然室內比較沒有這個問題，但鋪上覆蓋用資材還能有效防止雜草叢生。即使是小盆栽，擺上一些覆蓋用資材還可兼具室內擺飾品的效果，大家務必嘗試看看。

part5 | 香草植物 |

香草類植物可以趁植株幼小時，栽種於室內當迷你盆栽賞玩。輕巧葉片在窗外射進來的陽光下閃閃發亮，為室內增添明亮光彩。植株長大後可以移至庭院改為地植，讓植株繼續茁壯生長。期待日後能泡一壺芬芳的香草茶，烹調美味香草料理，將香草植物活用於生活上。

信手拈來食用，收成加以保存……。
輕鬆賞玩樂趣多多的香草植物。

栽種迷你品種

雖然香草植物容易栽種且又樂趣無窮，但環境條件佳，再加上日照充足，植株會於生長期不斷往上生長，一陣子過後就無法繼續培育在室內。倘若想要栽種於室內，務必要挑選迷你品種。

香草植物有個特色，那就是即便是同種植物，也會有五花八門的品種。以薄荷為例，品種相當多，有著五彩繽紛的花色，以及微妙差異的迷人香氣，所以挑選也成了一種樂趣。

另外，像是迷迭香和百里香則分成莖桿直立生長的「直立性」，以及莖桿柔軟，趴地生長的「匍匐性」等許多品種，不同品種，生長姿態也大不相同，

購買時稍微留意一下，依個人喜好仔細挑選。

購買後先移植換盆

任何時間點都可以購買香草植物幼苗，但建議最好在園藝店大量補貨的初春時期購買。而這個時期正值植物的生長期。

另外，需要特別注意一點，植株購買回來後，務必先移植換盆。而挑選盆缽時，原則上比原先的膠盆大一號，過大的盆缽反而會使植株長得太壯大，而且因為土壤不易乾，植株的生長環境會變得過於潮溼。至於土壤方面，建議使用香草植物專用培養土，或者一般栽種蔬菜的培養土。

將香草植物栽種於室內，可在需要時摘取需要的分量，非常方便。薄荷，可擺在茶飲或酒品上；可裝飾於甜點上；可烹調在異國料理中，在各個領域都非常活躍。
植物／綠薄荷

基本種植方法

購買回來的植株要換盆至大一號的盆缽中，之後再配合生長速度，逐漸更換大一點的盆缽。

裁剪一塊可以遮蓋住盆底排水孔的缽底網鋪在上面。

[材料]

植物（綠薄荷）、香草植物培養土、缽底網、缽底石、比幼苗大一輪的盆缽。
※工具：舀土勺、鏟子、竹筷等。

放入缽底石，直到完全覆蓋缽底排水孔為止。

先倒入少許培養土（約到盆缽的1/3高度）。

小心將種苗自膠盆中取出，並放入盆缽中。調整下方盆土讓植株根盤部位至少低於缽緣1cm以上。

繼續添加培養土到種苗隙縫中，直到盆土埋住根盤部位。

用竹筷戳一下盆土，若還有隙縫，繼續添加培養土（小心不要戳到植株根部）。

在根盤部位澆水，慢慢少量給水！

種植於盆缽後，充分給水到水從盆缽底部的排水孔流出來。因香草植物的專用培養土很輕，若大量給水，培養土可能會頓時跟著流出來，務必邊確認吸水狀況邊慢慢少量給水。

義大利料理中常使用的香草組合盆栽。栽種於廚房窗台邊，隨時都能享用最新鮮的香草。
植物／（左）百里香（匍匐性）、（右）羅勒、（中間）義大利香芹

直立性的迷迭香、茂密的香芹，以及具匍匐性的百里香。將不同姿態的3種香草植物栽種在一起的組合盆栽。這3種香草植物最喜歡陽光，盡量置於日照充足的場所。若植株塞滿盆缽，就移植換盆到大一點的盆缽中，或者分別獨立移至3個盆缽中。

香草植物單盆組合與
合植組合栽種的樂趣

香草植物依品種的不同，對澆水與日照的要求也不盡相同，為了方便管理，建議單盆栽種比較好。若要合植在同一個盆缽中，最好挑選性質相似的品種。

薄荷不適合與其他香草植物合植在一起。相對於多數香草植物偏好排水良好的乾燥環境，薄荷性喜潮溼的環境。另外，薄荷類合植在一起的話，容易發生雜交變種，建議最好不要這麼做。基本上，一種薄荷單獨栽種於一個盆缽中。

不耐溼氣，置於通風良好的場所。
植株強健，賞玩期間長。

放置場所

香草植物的種類非常繁多，栽種方式也不一樣，除了部分香草植物如薄荷等可生長於陰蔽處，其餘多數香草植物都喜歡日照充足的場所。絕大多數的香草植物只要沐浴在陽光下，就會自行生長。

香草植物因生性強健，就算環境多少差強人意，還是可以活得很好，所以室內光線明亮的話，就無須太在意有沒有日照。

原產於地中海沿岸等歐洲地區的香草植物不耐高溫高溼，要盡量置於通風良好處管理。

尤其夏季要特別留意，為避免葉片悶熱或曬傷，切記不要置於陽光直射的場所。

澆水

香草植物非常耐乾旱，不耐潮溼的環境。盆植的情況，基本上等盆土表面乾了之後再充分給水。若擔心枯萎而每天澆水，反而會造成植株根部腐爛。

澆水時要特別留意，絕對不要淋溼葉片。葉片一旦潮溼，不僅易受損，還會發霉。

肥料

多數香草植物的原生地－地中海沿岸地區的土壤普遍較為貧瘠，若以盆缽栽種的話，不太需要肥料。據說肥料少用一點，生長情況會比較好。

另外，據說土壤酸度太高的話，植株生長情況不佳，但無須過於神經質，只要使用市售的香草植物專用培養土或蔬菜用培養土就沒有問題了。

養護管理

　雖然栽種香草植物就算沒有太多養護照顧，依然可以長得十分茂密，但如果能夠定期摘心，莖桿上會長出更多側芽，植株也會更加茂密，同時還可以抑制徒長的情況。若要多用途活用香草植物，有意識地摘心可促使葉片生長，收穫會更加豐盛。

　香草植物也具有賞花的價值，但羅勒和義大利香芹這兩種香草植物，一旦冒出花芽，葉片就會變硬。若要將這兩種香草植物入菜的話，一看到花芽就要立即摘除。

　日照不足時，植株會向上徒長，一發現有這樣的情況，盡可能將植株移至戶外，充分享受日光。

　植株長得太過旺盛，與盆缽不成比例時，必須將過長的枝條全部修剪掉。另外，植株的根若從盆缽底部的排水孔突出來，就必須更換大一號的盆缽。

　香草植物幾乎是多年生草本植物，即使冬天停止生長，到了春天又會再度甦醒。只要悉心照顧，就能延長栽種的樂趣。

摘心的方法

從莖桿上長出側牙處的上方5mm處，使用剪刀將莖桿前端剪掉。

香草植物的種類

薄荷是唇形花科的多年生草本植物（極少數是一年生草本植物）。繁殖力旺盛且容易產生變種，據說數量超過600多種。因雜交品種多，所以要正確區分品種是越來越困難的一件事。

接下來，本書將為大家介紹幾種較具代表性的薄荷品種。

❶ 黑胡椒薄荷
綠薄荷與柳橙薄荷的雜交品種。葉片大，呈鮮綠色，莖桿則呈深紫色，具有清涼爽快的香氣。

❷ 綠薄荷
葉片和莖桿帶有清爽香氣，夏季會綻放白色、紫色穗狀花朵。葉片呈鮮綠色，邊緣帶鋸齒。與胡椒薄荷同屬薄荷類的基本款。

❸ 胡椒薄荷
綠薄荷與柳橙薄荷的雜交品種。莖桿直立或傾斜生長，莖桿上方會再分枝。葉片呈卵形，前端較尖，邊緣帶鋸齒。

❹ 蘋果薄荷
葉片呈圓形，披有柔毛，具有溫潤的香氣。常活用於香草茶、蛋糕、芳香包等工藝品，以及入浴劑。

❺ 野薄荷
葉片呈亮綠色，邊緣帶鋸齒。因含有較多的薄荷醇，所以帶有苦味，不適合活用於食物中。但可以用來為蛋糕提味，或者製作成芳香包和觀賞用盆栽。

羅勒

種植於排水性佳的土壤中，並置於日照充足處。葉片若長得過於茂密，為避免悶熱，必須適量摘除一些。一長出芯芽，就要立即摘除。

百里香

百里香自古就有多種用途，像是防腐劑、食物添加劑、止痛劑、入浴劑等。性喜日照充足，通風佳的場所，要種植在排水良好的土壤中。

義大利香芹

性喜充足的日照，排水良好的土壤。植株乾燥時，莖桿容易變硬，必須隨時注意是否有缺水現象。花芽一冒出來，就要立即摘除。

迷迭香

以食物添加劑和提升記憶力的功效而廣為人知的迷迭香，只要多注意日照和排水，在任何環境都能輕鬆培育。

到手香

近年來，到手香以「自然芳香劑」的功用廣受大家歡迎與喜愛。屬於大型多肉的草本植物，所以偏好乾燥的環境，澆水原則為土乾後再給水。可置於半遮陰場所培育，但葉片顏色容易變淡，要適時移至戶外曬曬太陽。不具耐寒性，冬季置於溫暖場所管理。葉片太多會過於悶熱，需要適度疏葉。

體型小巧而夢想遠大

健康茁壯長成一棵大樹的人參榕，園園的樹枝可垂掛盪鞦韆。

橫跨美國至墨西哥的索諾蘭沙漠中，林立著株高20m以上的世界第一大仙人掌－薩瓜羅掌。

常聽人說廟會祭典時買的迷你彩龜長到數十公分大，而市售的迷你觀葉植物或迷你仙人掌等植物中，其實也不乏原本會長得十分高壯的大型植物。

舉例來說，市面上最常見的50cm左右的人參榕，其實是樹高會超過20m的大樹木。另外，像是仙人掌也有植株將近30m的品種。

將這樣的植物置於室內栽培，有種宛如馳騁於大自然的感覺。隨著小植物日漸茁壯，也可以為自己立下搬遷至寬敞房子的遠大目標。

只要悉心照顧您的小小人參榕，或許有一天他將會茁壯成為超越您家屋簷的大樹。

HANACHO 梅丘店・世田谷店

〔梅丘店〕東京都世田谷區梅丘1-14-6
TEL&FAX 03-3428-8125

〔世田谷區〕東京都世田谷區世田谷3-3-1
COMS SETAGAYA 1F&2F
TEL&FAX 03-3428-8215

除了花材和盆栽外，還有各式各樣的園藝用品。
另外，提供派對、店面的花藝布置，以及庭園造景設
計。店裡不僅有各種常見的居家栽培植物，還有不少直
接從產地採買的多肉植物與仙人掌，置身其中光欣賞也
覺得非常愉快。

世田谷店

緑屋 凛

神奈川県鎌倉市由比ヶ浜1-9-4 金子ビル1F-B
TEL&FAX 04678-84-9069

苔球為主打商品，另外也販售松柏盆景、雜木盆景、山野
草盆景等親手打造的小型日式盆栽作品。店裡最大的特色
是物美價廉，銅板就能買到苔球、盛裝苔球的器皿等各種
商品。另外，店裡還會舉辦苔球教室，教大家如何製作苔
球。置身沉靜的店裡，尋找專屬於「自己的孩子」。

TITLE

室內園藝綠化樂

STAFF

		ORIGINAL JAPANESE EDITION STAFF
出版	三悅文化圖書事業有限公司	
編著	主婦の友社	表紙デザイン　　大藪胤美、武田紗和（フレーズ）
譯者	龔亭芬	本文デザイン　　ランドリーグラフィックス
		校正　　　　　　大塚美紀（聚珍社）
總編輯	郭湘齡	撮影　　　　　　安井進
責任編輯	莊薇熙	スタイリング　　多田えつ子
文字編輯	黃美玉　黃思婷	編集　　　　　　久一哲弘、井口直子
美術編輯	朱哲宏	編集担当　　　　大西清二（主婦の友社）
排版	靜思個人工作室	
製版	明宏彩色照相製版有限公司	
印刷	桂林彩色印刷股份有限公司	
法律顧問	經兆國際法律事務所　黃沛聲律師	
代理發行	瑞昇文化事業股份有限公司	
地址	新北市中和區景平路464巷2弄1-4號	
電話	(02)2945-3191	
傳真	(02)2945-3190	
網址	www.rising-books.com.tw	
e-Mail	resing@ms34.hinet.net	
劃撥帳號	19598343	
戶名	瑞昇文化事業股份有限公司	
初版日期	2017年6月	
定價	280元	

國家圖書館出版品預行編目資料

室內園藝綠化樂 / 主婦の友社編；龔亭芬譯.
-- 初版. -- 新北市：三悅文化圖書, 2017.05
128　面；14.8 X 21　公分
ISBN 978-986-94155-6-9(平裝)

1.盆栽 2.園藝學

435.11　　　　　　　　　　　106005738